JN272083

新基礎コース 確率・統計

浅倉史興

竹居正登

共 著

学術図書出版社

はじめに

　統計学とは，数値データとして表された情報を集めて分類したり，分析して本質的な情報をとりだす学問である．今日，パーソナル・コンピュータの進歩とネットワーク通信の普及により，巨大なデータをダウンロードして，加工することが日常的になり，統計学の役割は以前にも増して重要となっている．数値データと信頼度・有意水準のようなパラメターを与えると，統計処理の結果はコンピュータが計算したものただ1つである．しかし，その妥当性は別に確かめる必要があり，また，その結果を用いての意志決定は一意的とは限らず，最終的には生身の人間の判断が必要となってくる．現代において，統計学を学ぶ意義はその点にあるといえる．また，そのような判断を行うには確率の考え方が必須となるので，確率と統計は並行して勉強するのがよい．

　本書は，理系と文系両方の大学課程の確率と統計に関する科目のテキストと，確率と統計を自学自習しようとしている人々のテキストとして書かれたものである．とくに，確率と統計の基本事項を，できるだけ少ない予備知識で，できるだけ明快に述べることを試みた．本書により，
(1) 統計処理とはどのようなことをしているのか，
(2) 統計処理が妥当である条件はなにか，
(3) 統計処理で得られた結果はどのような意味をもっているか，
ということを学んで欲しいと願っている．高校数学の内容も含めて丁寧に解説しているが，高校までの数学の教科書には出てこない記号や記法も所々用いている．これは，簡単なことを難しく見せようとする細工ではなく，確率論や統計学を理解するには必須と思われるので用いたのである．たとえば，人間の感情を表現するのに，苦悶，煩悶，沈痛，慟哭などのいろいろな言葉が必要なのと同じである．統計学を学ぶ人々には，是非とも慣れて欲しいと願っている．

　発田孝夫氏をはじめとする学術図書出版社の方々には終始お世話になった．

心から感謝を申し上げたい．いろいろと欲張って書いたテキストではあるが，まだその目的を十分に達したとはいえない．これから，テキストとして使われる方々や，読者の方々からのご意見とご要望を期待する次第である．

2014 年 10 月

著　者

目　次

第1章　データの処理　　1
- §1.1　統計　……………………………………………………………… 1
- §1.2　データの平均，分散，標準偏差 …………………………… 2
- §1.3　相関係数と回帰直線 ………………………………………… 4

第2章　確率の考え方　　11
- §2.1　偶然に左右されて起こることがら ………………………… 11
- §2.2　確率モデル …………………………………………………… 12

第3章　確率の計算　　17
- §3.1　数え上げの方法 ……………………………………………… 17
- §3.2　確率の基本法則 ……………………………………………… 27
- §3.3　事象の独立 …………………………………………………… 33

第4章　確率変数と確率分布　　43
- §4.1　確率変数とその確率分布 …………………………………… 43
- §4.2　期待値と分散の性質 ………………………………………… 51

第5章　2項分布と正規分布　　62
- §5.1　2項分布 ………………………………………………………… 62
- §5.2　2項分布から正規分布へ …………………………………… 66
- §5.3　正規分布 ……………………………………………………… 70
- §5.4　正規分布に関する計算 ……………………………………… 75
- §5.5　2項分布の確率の正規近似による計算 …………………… 78

第6章 標本調査 　　81
§ 6.1 標本調査 81
§ 6.2 標本統計量 84
§ 6.3 大数の法則と中心極限定理 87

第7章 区間推定 　　92
§ 7.1 推定の考え方 92
§ 7.2 母比率の推定 94
§ 7.3 平均値の推定 98

第8章 仮説検定 　　104
§ 8.1 検定の考え方 104
§ 8.2 母比率の検定 107
§ 8.3 母平均の検定 109
§ 8.4 仮説検定における誤り 112
§ 8.5 適合度の検定 114

第9章 いろいろな確率分布 　　118
§ 9.1 ベルヌイ試行と関連する確率分布 118
§ 9.2 いろいろな離散確率分布 125
§ 9.3 いろいろな連続確率分布 129
§ 9.4 χ^2-分布と t-分布 133

問題の解答 　　139

付　表 　　149

索　引 　　152

1 データの処理

§ 1.1 統計

▌統計▐　数量として収集された情報を総称して統計 (statistics)[1] といい, それに関する学問を統計学 (statistics)[2] という. つまり, 観察の対象となっている集団から, どのようにデータを収集し, また, それをどのような方法で分析すれば, その集団の特性が明らかになるのかを研究する学問が統計学であるといえよう.

▌母集団と標本▐　集団の特性を推測するために, いろいろな統計調査が行われる. 統計調査には次の2つがある.

全数調査　対象となる集団の全部について調べる (census, complete survey). 正確な情報が得られるが費用や時間が多くかかる. 例として国勢調査がある.

標本調査　集団の中の一部を調べて全体を推測する (sampling survey). 費用や時間は少なくてすむ. 検査することにより商品価値が失われる場合にも可能. 例としてビールの発酵度, 家電製品の耐久調査がある.

調査の対象となる集団全体を**母集団** (population) といい, 調査のために取り出された要素のあつまりを**標本** (sample) という. 当然のことであるが, 母集団と標本は区別しなければならない.

---

[1] この s は statistic の複数形.
[2] この s は学を意味し単数形.

§1.2 データの平均, 分散, 標準偏差

一般に, ある変量 x に関する大きさ n のデータ

No.	1	2	$\cdots$	n
x	x_1	x_2	$\cdots$	x_n

に対して**平均** (mean), **分散** (variance), **標準偏差** (standard deviation) が以下のように定義される.

- 平均 $\overline{x}$:
$$\overline{x} = \frac{x_1 + x_2 + \cdots + x_n}{n} = \frac{1}{n}\sum_{j=1}^{n} x_j.$$

- 分散 $s^2(x)$:
$$s^2(x) = \frac{(x_1 - \overline{x})^2 + (x_2 - \overline{x})^2 + \cdots + (x_n - \overline{x})^2}{n} = \frac{1}{n}\sum_{j=1}^{n}(x_j - \overline{x})^2.$$

- 標準偏差 $s(x) = \sqrt{s^2(x)} = \sqrt{\dfrac{1}{n}\sum_{j=1}^{n}(x_j - \overline{x})^2}.$

✎ $x_i - \overline{x}$ を, No.i のデータの**偏差**という.

例 1.1 高校生 A 君の期末試験の点数は, 以下のとおりであったとする.

科目	国語	数学	世界史	物理	英語
点数 (x)	70	65	80	55	60

このデータでは

- 平均:$\overline{x} = \dfrac{70 + 65 + 80 + 55 + 60}{5} = 66$
- 分散:
$$s^2(x) = \frac{(70-66)^2 + (65-66)^2 + (80-66)^2 + (55-66)^2 + (60-66)^2}{5}$$
$$= \frac{4^2 + (-1)^2 + 14^2 + (-11)^2 + (-6)^2}{5} = 74$$
- 標準偏差:$s(x) = \sqrt{74} \fallingdotseq 8.602$

次のような表を作っておくと見とおしがよい.

§1.2 データの平均, 分散, 標準偏差

データ	70	65	80	55	60	⇒ 平均 66
偏差	4	−1	14	−11	−6	← 偏差 = 各データ − 平均
(偏差)^2	16	1	196	121	36	⇒ 分散 = (偏差)^2 の平均

次の定理は分散のもう 1 つの計算方法である．データに応じて計算が容易な方法を選ぶようにする．

定理 1.1 分散 = (2 乗の平均) − (平均の 2 乗) である．
$$s^2(x) = \overline{x^2} - \overline{x}^2.$$

定理 1.1 を用いて計算する場合，次のような表を作っておくと見とおしがよい．

x	x_1	x_2	$\cdots$	x_{n-1}	x_n	⇒ $\overline{x}$
x^2	$x_1{}^2$	$x_2{}^2$	$\cdots$	$x_{n-1}{}^2$	$x_n{}^2$	⇒ $\overline{x^2}$

証明
$$s^2(x) = \frac{1}{n}\sum_{j=1}^{n}(x_j - \overline{x})^2 = \frac{1}{n}\sum_{j=1}^{n}(x_j{}^2 - 2\overline{x}x_j + \overline{x}^2)$$
$$= \frac{1}{n}\sum_{j=1}^{n}x_j{}^2 - 2\overline{x} \cdot \frac{1}{n}\sum_{j=1}^{n}x_j + \frac{1}{n} \cdot n\overline{x}^2$$
$$= \overline{x^2} - 2\overline{x}^2 + \overline{x}^2 = \overline{x^2} - \overline{x}^2. \blacksquare$$

1 次関数 $ax + b$ によって変換したデータの平均，分散，標準偏差について，次の重要な式が成り立つ．

定理 1.2 $\overline{ax+b} = a\overline{x} + b$, $s^2(ax+b) = a^2 s^2(x)$, $s(ax+b) = |a|s(x)$.

証明 $\overline{ax+b} = \dfrac{1}{n}\sum_{j=1}^{n}(ax_j + b) = a \cdot \dfrac{1}{n}\sum_{j=1}^{n}x_j + \dfrac{1}{n} \cdot nb = a\overline{x} + b.$ また，
$$s^2(ax+b) = \frac{1}{n}\sum_{j=1}^{n}\{(ax_j+b) - \overline{ax+b}\}^2 = \frac{1}{n}\sum_{j=1}^{n}\{a(x_j - \overline{x})\}^2 = a^2 s^2(x).$$
$\sqrt{a^2} = |a|$ に注意すると，$s(ax+b) = \sqrt{s^2(ax+b)} = |a|s(x).$ $\blacksquare$

先に述べたように，母集団と標本は区別しなければならない．たとえば，全数調査で得られたデータの平均と分散は，母集団の平均と分散であるが，標本調査で得られた平均と分散は，1つの標本についての平均と分散である．後者の場合は，1つの標本の特性から，母集団全体の特性を推測する必要がある．大体は標本の特性に等しいと考えられるが，どれくらい近いのか？　このとき，頼りになるのが**確率** (probability) の考え方である．次章より，確率について説明する．

■**データの標準化**■　　変量 x のデータの平均が $\overline{x}$ で，分散が $s^2(x)$,標準偏差が $s(x) = \sqrt{s^2(x)}$ のとき，

$$z(x) = \frac{x - \overline{x}}{s(x)}$$

によって新しいデータ $z(x)$ を作ると，定理 1.2 により

$$z(x) \text{ の平均は } 0, \ z(x) \text{ の分散と標準偏差はいずれも } 1$$

となる．x から $z(x)$ を求めることを**データの標準化**という．異なるデータを比較する際には標準化してから行う．また，x の分布が正規分布に近いと考えられるとき，$z(x)$ の分布は標準正規分布に近いと考えられるから，個々のデータが全体の中でどのような位置にあるかがわかることになる．この目的のために，$z(x)$ の値を $50 + 10z(x)$ によって変換した「偏差値」がよく用いられている．

§ 1.3　相関係数と回帰直線

■**データの相関**■　　たとえば，次のデータにおいて，x と y の間にどのような関係が見いだせるだろうか．

x	1	2	3	4	5
y	5	4	2	1	3

(1.1)

相関図 (散布図ともいう) を描いてみると図 1.1 のようになる．これによると，x と y の間には右下がりの直線的な関係が認められる．では，x と y の関係はどのぐらい直線に近いといえるか？　また，その直線はどのような式で表されるだろうか？

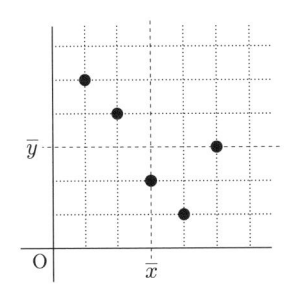

図 1.1 データ (1.1) の相関図. 4 つの部分に分けて考える.

上の例では，平均を表す線で区切られた 4 つの部分のうち，ほぼ左上と右下に点が集まっている．これらの部分では $x < \overline{x}, y > \overline{y}$ または $x > \overline{x}, y < \overline{y}$ だから，

$x - \overline{x}$ と $y - \overline{y}$ は異符号，すなわち $(x - \overline{x})(y - \overline{y}) < 0$

である．x と y の直線的な関係をみるとき，$(x - \overline{x})(y - \overline{y})$ や $z(x)z(y)$ といった量に注目するとよいことがわかる．

■データの共分散と相関係数■　一般に，2 変量 x, y についての大きさ n の 2 次元データ

No.	1	2	$\cdots$	$n-1$	n
x	x_1	x_2	$\cdots$	x_{n-1}	x_n
y	y_1	y_2	$\cdots$	y_{n-1}	y_n

に対して**共分散** (covariance)，**相関係数** (correlation coefficient) が以下のように定義される．

- 共分散 $s(x, y)$：
$$s(x, y) = \frac{(x_1 - \overline{x})(y_1 - \overline{y}) + (x_2 - \overline{x})(y_2 - \overline{y}) + \cdots + (x_n - \overline{x})(y_n - \overline{y})}{n}$$
$$= \frac{1}{n} \sum_{j=1}^{n} (x_j - \overline{x})(y_j - \overline{y}).$$

- 相関係数 $r(x,y)$：

$$r(x,y) = \frac{s(x,y)}{s(x)s(y)} = \frac{1}{n}\sum_{j=1}^{n}\frac{x_j-\overline{x}}{s(x)}\frac{y_j-\overline{y}}{s(y)} = s(z(x),z(y)).$$

相関係数 $r(x,y)$ は -1 から 1 の間の実数となることが知られている．1 や -1 に近いほど，x と y の関係は「直線に近い」と考えられる．

(1.1) のデータの場合，$\overline{x} = \overline{y} = 3, s^2(x) = s^2(y) = 2$ であり，

$x - \overline{x}$	-2	-1	0	1	2
$y - \overline{y}$	2	1	-1	-2	0
$(x-\overline{x})(y-\overline{y})$	-4	-1	0	-2	0

より

$$s(x,y) = \frac{(-4)+(-1)+0+(-2)+0}{5} = \frac{-7}{5} = -1.4,$$

$$r(x,y) = \frac{s(x,y)}{s(x)s(y)} = \frac{-1.4}{\sqrt{2}\sqrt{2}} = -0.7.$$

次の定理は共分散のもう 1 つの計算方法である．データに応じて計算が容易な方法を選ぶようにする．

定理 1.3 共分散 ＝ (積の平均) − (平均の積) である．

$$s(x,y) = \overline{xy} - \overline{x}\cdot\overline{y}.$$

証明 定理 1.1 の証明と同様である．

$$s(x,y) = \frac{1}{n}\sum_{j=1}^{n}(x_j-\overline{x})(y_j-\overline{y})$$

$$= \frac{1}{n}\sum_{j=1}^{n}(x_jy_j - x_j\overline{y} - \overline{x}y_j + \overline{x}\cdot\overline{y})$$

$$= \frac{1}{n}\sum_{j=1}^{n}x_jy_j - \overline{y}\cdot\frac{1}{n}\sum_{j=1}^{n}x_j - \overline{x}\cdot\frac{1}{n}\sum_{j=1}^{n}y_j + \frac{1}{n}\cdot n\overline{x}\cdot\overline{y}$$

$$= \overline{xy} - \overline{y}\cdot\overline{x} - \overline{x}\cdot\overline{y} + \overline{x}\cdot\overline{y} = \overline{xy} - \overline{x}\cdot\overline{y}.$$

定理 1.3 を用いて (1.1) のデータの共分散を計算すると，

x	1	2	3	4	5
y	5	4	2	1	3
xy	5	8	6	4	15

より $\overline{xy} = \dfrac{5+8+6+4+15}{5} = \dfrac{38}{5} = 7.6$ であり，

$$s(x,y) = \overline{xy} - \overline{x} \cdot \overline{y} = 7.6 - 3 \times 3 = -1.4.$$

▊**回帰直線**▊　(1.1) のデータの相関図から，2 つの変量 x, y の関係はほぼ直線的とみられる．その直線をどのように推定すればよいだろうか？　1 次関数 $f(x) = ax+b$ に対して，y_j と $f(x_j)$ との誤差の 2 乗の和

$$\sum_{j=1}^{n}\{y_j - (ax_j + b)\}^2$$

を最小にするような a, b を求めるのが合理的であろう[3]．この直線を x に対する y の**回帰直線**という．

　直感的には「平均の点」である $(\overline{x}, \overline{y})$ を通るのがよいと思われるから，まず，点 $(\overline{x}, \overline{y})$ を通り傾きが a の直線 $y = a(x-\overline{x}) + \overline{y}$ に限って考えてみよう．x_j の偏差を $X_j = x_j - \overline{x}$ とおき，y_j の偏差を $Y_j = y_j - \overline{y}$ とおくと，誤差の 2 乗の和は

$$\sum_{j=1}^{n}[y_j - \{a(x_j - \overline{x}) + \overline{y}\}]^2 = \sum_{j=1}^{n}(Y_j - aX_j)^2$$

である．これを変形して

$$s^2(x) = \frac{1}{n}\sum_{j=1}^{n}(X_j)^2, \quad s^2(y) = \frac{1}{n}\sum_{j=1}^{n}(Y_j)^2, \quad s(x,y) = \frac{1}{n}\sum_{j=1}^{n}X_jY_j$$

によって表そう．計算を見やすくするために n で割っておくと，

$$\frac{1}{n}\sum_{j=1}^{n}(Y_j - aX_j)^2 = \frac{1}{n}\sum_{j=1}^{n}\{(Y_j)^2 - 2aY_jX_j + a^2(X_j)^2\}$$

---

[3] このような考え方は**最小 2 乗法** (least squares method) とよばれる．18 世紀に Carl Friedrich Gauss は誤差論を展開して正規分布を導き（ガウスの誤差法則），これに基づいて最小 2 乗法の精密さを議論できることを示した．

$$= a^2 \cdot \frac{1}{n}\sum_{i=1}^{n}(X_j)^2 - 2a \cdot \frac{1}{n}\sum_{j=1}^{n}X_jY_j + \frac{1}{n}\sum_{j=1}^{n}(Y_j)^2$$

$$= s^2(x)a^2 - 2s(x,y)a + s^2(y)$$

$$= s^2(x)\left(a - \frac{s(x,y)}{s^2(x)}\right)^2 - \frac{s(x,y)^2}{s^2(x)} + s^2(y).$$

したがって，誤差の 2 乗の和は $a = \dfrac{s(x,y)}{s^2(x)}$ のとき最小値をとる．相関係数 $r(x,y) = \dfrac{s(x,y)}{s(x)s(y)}$ を用いると $a = r(x,y)\dfrac{s(y)}{s(x)}$ とも表せる．誤差の 2 乗の和の最小値

$$n\left(s^2(y) - \frac{s(x,y)^2}{s^2(x)}\right) = ns^2(y)\left(1 - \frac{s(x,y)^2}{s^2(x)s^2(y)}\right) = ns^2(y)(1 - r(x,y)^2)$$

を**残差**と呼ぶ．$R^2 = r(x,y)^2$ とおくと，残差は

$$ns^2(y)(1 - R^2)$$

と表される．R^2 を**決定係数**と呼ぶ．1 に近いほど残差が小さく，回帰直線の当てはまりがよい．

こうして求まった直線が 1 次関数 $f(x) = ax + b$ 全体の中でも最良であることは次の定理でわかる．

定理 1.4 x に対する y の回帰直線は

$$y = \frac{s(x,y)}{s^2(x)}(x - \overline{x}) + \overline{y},$$

すなわち，点 $(\overline{x}, \overline{y})$ を通り傾きが $\dfrac{s(x,y)}{s^2(x)} = r(x,y)\dfrac{s(y)}{s(x)}$ の直線である．

証明 誤差の 2 乗の和の $\dfrac{1}{n}$ 倍を計算すると，

$$\frac{1}{n}\sum_{j=1}^{n}(y_j - ax_j - b)^2$$

$$= \frac{1}{n}\sum_{j=1}^{n}\{(y_j)^2 + (-ax_j)^2 + (-b)^2 - 2ax_jy_j + 2abx_j - 2y_jb\}$$

$$= \overline{y^2} + a^2\overline{x^2} + b^2 - 2a\overline{xy} + 2ab\overline{x} - 2b\overline{y}$$

§1.3 相関係数と回帰直線

$$= b^2 - 2(\overline{y} - a\overline{x})b + \overline{x^2}a^2 - 2\overline{xy}a + \overline{y^2}$$
$$= \{b - (\overline{y} - a\overline{x})\}^2 - (\overline{y} - a\overline{x})^2 + \overline{x^2}a^2 - 2\overline{xy}a + \overline{y^2}$$
$$= \{b - (\overline{y} - a\overline{x})\}^2 + (\overline{x^2} - \overline{x}^2)a^2 - 2(\overline{xy} - \overline{x}\cdot\overline{y})a + \overline{y^2} - \overline{y}^2$$
$$= \{b - (\overline{y} - a\overline{x})\}^2 + s^2(x)a^2 - 2s(x,y)a + s^2(y)$$
$$= \{b - (\overline{y} - a\overline{x})\}^2 + s^2(x)\left(a - \frac{s(x,y)}{s^2(x)}\right)^2 - \frac{s(x,y)^2}{s^2(x)} + s^2(y)$$

となるから,

$$b - (\overline{y} - a\overline{x}) = 0, \quad a - \frac{s(x,y)}{s^2(x)} = 0,$$

すなわち

$$a = \frac{s(x,y)}{s^2(x)} = r(x,y)\frac{s(y)}{s(x)}, \quad b = -a\overline{x} + \overline{y}$$

のときに最小値をとる.これは回帰直線が $y = ax - a\overline{x} + \overline{y} = a(x - \overline{x}) + \overline{y}$ で与えられることを示している.

✎ 回帰直線の式は $\dfrac{y - \overline{y}}{s(y)} = r(x,y)\dfrac{x - \overline{x}}{s(x)}$ と書けるから,

$$\text{``}z(y) = r(x,y)z(x)\text{''}$$

と記憶することができる.一般に x に対する y の回帰直線と y に対する x の回帰直線は一致しない.いずれも点 $(\overline{x}, \overline{y})$ を通るが,傾きがそれぞれ $r(x,y)\dfrac{s(y)}{s(x)}$, $\dfrac{1}{r(x,y)}\dfrac{s(y)}{s(x)}$ となるからである.

(1.1) のデータの場合,回帰直線は

$$\frac{y-3}{\sqrt{2}} = -0.7\frac{x-3}{\sqrt{2}}, \quad \text{すなわち} \quad y = -0.7(x-3) + 3.$$

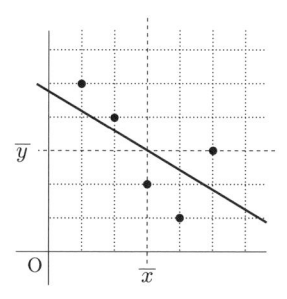

図 **1.2** データ (1.1) の相関図と回帰直線.

例題 1.1 A君, B君, C君, D君の期末試験の点数は次のようであった.

	国語	数学	世界史	物理	英語
A	50	80	70	70	60
B	60	50	80	40	70
C	70	40	50	30	30
D	60	70	40	60	80
平均	60	60	60	50	60

次の相関係数を計算してどのような相関があるかを述べよ.

数学と国語, 数学と世界史, 数学と物理, 数学と英語.

解答

x	y	$s(x)$	$s(y)$	$s(x,y)$	$r(x,y)$	相関
数学	国語	15.81	7.07	-100	-0.89	負の相関
数学	世界史	15.81	15.81	0	0	無相関
数学	物理	15.81	15.81	250	1	正の完全相関
数学	英語	15.81	18.71	175	0.59	正の相関

2

確率の考え方

§2.1 偶然に左右されて起こることがら

■力学の問題と確率の問題■　太陽系における惑星の軌道は，非常に精密に計算されている．その結果，2040 年 1 月 1 日三重県伊勢市二見浦における日の出の時刻と方位[1] は，それぞれ 6:58，117.599° と予見され，その通りに太陽が現れる．それに反して，1 つのさいころを投げたとき，偶数の目と奇数の目のどちらが出るかということは，正確に予見することができない．正しく作られたさいころを投げれば，偶数の目と奇数の目が同等に期待されるといえる程度である．

このように，偶然に左右されて起こることがらについて，それが起こることが期待される割合を表すのが**確率** (probability) である．この「確率」という用語を用いれば，偶数の目が出る確率と奇数の目が出る確率はともに $\frac{1}{2}$ であるといえばよい．

■モデル■　しかし，たとえば「偶数の目が出る確率は $\frac{1}{2}$」とはどういうことか？　経験的には，投げる回数を増やしていくと

$$\frac{\text{偶数の目が出た回数}}{\text{投げた回数}} \quad \to \quad \frac{1}{2}$$

が成立することと考えられるが，これを確率の基礎とすると議論が難しくなりそうである．そこで，さいころを投げる問題においては

- さいころを投げれば，1 から 6 の目のうちのどれかが出る
- 1 から 6 の目は，同じ程度に期待される

ということを最初に約束する．その上で，偶数の目が出るのは 6 通りのうちの 3 通りであるので，その割合 $\frac{1}{2}$ を偶数の目が出る確率とするのである．した

---

[1] 北を $0° = 360°$ と定め，向きを時計方向の角度で計った値．

がって，実際のさいころを投げたとき，偶数の目が出る確率が $\frac{1}{2}$ かどうかという問題とは区別していることになる．

このように，実際の問題を数学を用いて解析するには，その問題の理想化と単純化を行い，数学解析が可能な**モデル** (model：模型) を構成する必要がある．もし，ゆがんださいころを数学を用いて解析したい場合には，それに応じた別のモデルを構成すればよい．また，モデルを構成することにより，上記の経験則も数学の定理 (大数の法則) として証明できるのである．

§ 2.2　確率モデル

▎標本空間と事象▎　偶然に左右されて起こることがらは，**基本事象** (elementary event)[2] と呼ばれるいくつかの基本的なことがらを定めて，それらを組み合わせることにより記述される．いま考えていることがらをもれなく表し，また区別するのに十分な基本事象が必要で，それら基本事象全体の集合を**標本空間** (sample space) といい Ω で表す[3]．

1個のさいころを投げる場合，1から6の目が出ることがらのそれぞれが基本事象である．1の目が出ることを1，2の目が出ることを2のように表すと，さいころ投げの標本空間は

$$\Omega = \{1, 2, 3, 4, 5, 6\}$$

のように集合として表すことができる．一方，偶数の目が出ることがらは

$$A = \{2, 4, 6\} \subset \Omega$$

のように標本空間の**部分集合** (subset) として表すことができる．このように，標本空間の部分集合を，偶然に左右されて起こることがらと考えて，**事象** (event) ということにする[4]．

$$\{1,2\} \leftrightarrow 2\text{以下の目が出る}, \quad \{2,3,5\} \leftrightarrow \text{素数の目が出る}$$

などの他，$\{1, 2, 5\}$ のようにことばで簡単に表せないものも含まれる．基本事

---

[2] 根元事象と呼ばれることもある．
[3] Ω はギリシャ文字で「オメガ」と読む．ちなみに，Ω の小文字は ω．
[4] いまの場合，全部で $2^6 = 64$ 通りの事象が考えられる．

象も，Ω の部分集合とみるときには $\{1\}, \{2\}, \{3\}, \{4\}, \{5\}, \{6\}$ と書くが，簡単のため上記のように表すことがある．基本事象全体の集合である標本空間 Ω は，1個のさいころを投げるとその中の何かが起こるという事象を表し，**全事象**とも呼ぶ．また，空集合 $\emptyset (=\{\ \})$ は1個のさいころを投げたのに何も起こらないという事象 (起こるはずのない事象) を表し，**空事象**という．一般に，事象 A に含まれる基本事象の数を $n(A)$ で表す．たとえば $n(\Omega) = 6$ である．

問 2.1 次の問に答えよ．
  (1) 異なる2枚の硬貨投げの標本空間を表せ．また，1枚だけが表である事象を表せ．
  (2) 大小2個のさいころ投げの標本空間を表せ．また，目の和が6になる事象を表せ．

■集合■ 集合 (set) とは「ものの集まり」のことであるが，数学の対象として集合を考える時には，その集合に属するものと属さないものとが，明確に定まっている必要がある．たとえば「大きな数全体」は集合ではないが，「100以上の整数全体」は集合である．

ある集合に属するものを，その集合の**要素** (または**元**)(element) という．一般的に，集合は大文字 A, B, C などで表し，要素は小文字 a, b, c で表すことが多い．また，記号 $\in, \notin$ を用いて，a が集合 A の要素であることを

$$a \in A \quad \text{または} \quad A \ni a$$

と表し，a が集合 A の要素でないことを

$$a \notin A \quad \text{または} \quad A \not\ni a$$

と表すことにする．

集合を具体的に表すには $\{\ \}$ を用いる．たとえば 12 の約数の集合 A は

要素を並べる方法： $A = \{1, 2, 3, 4, 6, 12\}$
条件式を用いる方法： $A = \{x\,;\, x \text{ は } 12 \text{ の約数}\}$

のいずれかの方法で表す．ただ1つの要素 a をもつ集合は $A = \{a\}$ と表される．また，便宜上，要素がない集合も数学における集合と認めて，**空集合** (empty set) といい $\emptyset$ で表す．

2つの集合 A, B の要素が一致するとき，A と B は**等しい**といい

$$A = B$$

と表す[5]．

---

[5] これを**外延の公理** (axiom of extension) ということがある．

2つの集合 A, B があり，A のすべての要素が，また B の要素でもあるとき，A は B の**部分集合** (subset) であるといい

$$A \subset B \quad \text{または} \quad B \supset A$$

と表す[6]．

✎ 定義により，$A \subset A$ である．また，$A \subset B$ かつ $B \subset A$ ならば，$A = B$ である．空集合は，どのような集合 A に対しても，その部分集合と定める．すなわち

$$\emptyset \subset A.$$

記号 $\in$ と $\subset$ は混同しやすい．集合 A の要素 a について

$$a \in A \text{ は正しく,} \quad a \subset A \text{ は誤り}$$

であるが，$\{a\}$ は 1 つの要素から成る集合なので

$$\{a\} \subset A$$

は正しい．

■事象の確率■ 最初に述べたように，ある事象が起こることが期待される程度を表すのが確率である．一般に，偶然に左右されて起こることがらにおいて，起こる場合が全部で n 通りあり，そのどれが起こることも同じ程度に期待されるとする．そのうちで，あることがらが起こる場合が r 通りあるならば，そのことがらが起こる確率 p は

$$p = \frac{r}{n}$$

と考えるのが自然であろう．

上記の「起こる場合」が基本事象である．どの基本事象が起こることも，同じ程度に期待されることを，今後は**同様に確からしい** (equally likely) ということにする．すなわち，ある標本空間 Ω が n 個の基本事象より構成される (すなわち $n = n(\Omega)$ である) とき，各々の基本事象が起こることが同様に確からしいならば，その基本事象が起こる確率は $\dfrac{1}{n}$ である．このように考えると，ある事象 A が r 個の基本事象より構成される (すなわち $r = n(A)$ である) とき，A が起こる確率 $P(A)$ は下記のように表される．

$$P(A) = \underbrace{\frac{1}{n} + \cdots + \frac{1}{n}}_{r} = \frac{r}{n} = \frac{n(A)}{n(\Omega)}.$$

---

[6] $A \subset B$ で，B のある要素 b が A に含まれないとき，A は B の真の部分集合といい，$A \subsetneq B$ と表すことがある．

確率の与え方は他にもいろいろある．1個のさいころ投げにおいて，j の目が出る確率を $p(j)$ と表し

$$p(1) = 0.1, \quad p(2) = p(3) = p(4) = p(5) = 0.15, \quad p(6) = 0.3$$

という値を与えると，ゆがんださいころのモデルが作れる．奇数の目が出る確率は

$$P(\{1,3,5\}) = p(1) + p(3) + p(5) = 0.1 + 0.15 + 0.15 = 0.4$$

となる．このように，考えたい対象により，Ω の各基本事象に適当な確率の値を与えることで数学モデルを作ることができる．

▓確率モデル▓　偶然に左右されて起こることがらの確率を考えるためには，次のようにする．

- 基本事象からなる標本空間を用意する：基本事象を ω_j $(j = 1, \cdots, n)$ と表すと，標本空間 Ω は

$$\Omega = \{\omega_1, \omega_2, \cdots, \omega_n\}.$$

- 各基本事象に対して確率を定義する：基本事象 ω_j の確率を $p(\omega_j)$ と表すとき，$p(\omega_j)$ は
  ▷ $p(\omega_j) \geqq 0 \quad (j = 1, \cdots, n)$,
  ▷ $p(\omega_1) + p(\omega_2) + \cdots + p(\omega_n) = 1$
  を満たす必要がある (逆に，上の2条件を満たす限り $p(\omega_j)$ の値は自由に決めることができる)．

- 事象 (Ω の部分集合) A の確率 $P(A)$ は

$$P(A) = \sum_{\omega_j \in A} p(\omega_j) \quad (A \text{ に含まれる基本事象 } \omega_j \text{ の確率の和})$$

  によって定める．ここで，空事象 $\emptyset$ と全事象 Ω の確率は，それぞれ $P(\emptyset) = 0, P(\Omega) = 1$ と考える．

以上で定義された，標本空間と確率の組 (Ω, P) を **確率モデル** (stochastic model) という．

例 2.1

(1) 1 枚の硬貨投げの確率モデルは

$$\Omega = \{\,\text{表},\,\text{裏}\,\}, \quad P(\{\,\text{表}\,\}) = P(\{\,\text{裏}\,\}) = \frac{1}{2}.$$

(2) 1 個のさいころ投げの確率モデルは

$$\Omega = \{1, 2, 3, 4, 5, 6\},$$

$$P(\{1\}) = P(\{2\}) = P(\{3\}) = P(\{4\}) = P(\{5\}) = P(\{6\}) = \frac{1}{6}.$$

このとき, $P(5\text{ 以上の目が出る}) = P(\{5,6\}) = P(\{5\}) + P(\{6\}) = \dfrac{1}{3}$.

例題 2.1 大小 2 個のさいころを投げるとき, 出る目の和が 5 になる確率と出る目の和が 5 未満になる確率を求めよ.

解答 標本空間は $\Omega = \{(i,j)\,;\,i,j = 1,\cdots,6\}$ で, 基本事象の数は 36. 出る目の和を表にまとめると便利である.

	1	2	3	4	5	6 (小)
1	2	3	4	5	6	7
2	3	4	5	6	7	8
3	4	5	6	7	8	9
4	5	6	7	8	9	10
5	6	7	8	9	10	11
(大) 6	7	8	9	10	11	12

- 目の和が 5 になる場合:$(1,4), (2,3), (3,2), (4,1)$ の 4 通り. したがって, 確率は $\dfrac{4}{36} = \dfrac{1}{9}$.
- 目の和が 5 未満になる場合:$(1,1), (1,2), (1,3), (2,1), (2,2), (3,1)$ の 6 通り. したがって, 確率は $\dfrac{6}{36} = \dfrac{1}{6}$.

問 2.2 次の問に答えよ (問 2.1 も参照).

(1) 異なる 2 枚の硬貨を投げるモデルにおいて, 基本事象の確率を定めよ. また, 1 枚だけが表である確率を求めよ.

(2) 大小 2 個のさいころを投げるモデルにおいて, 基本事象の確率を定めよ. また, 目の和が 6 になる確率を求めよ.

3

確率の計算

§3.1 数え上げの方法

■**和法則**■ 確率の計算では，あることがらについて，起こり得るすべての場合を，もれなく，重複することなく数え上げることが必要である．次の例題を検討しよう．

例題 3.1 100円，50円，10円の硬貨がそれぞれたくさんあるとき，ちょうど250円を払う方法はいくつあるか．このとき，使わない硬貨があってもよいとする．

解答 このような問題を考えるには，以下のような**樹形図** (tree) を用いるのが便利である．まず，使われる100円硬貨の枚数が 2,1,0 枚の場合に分け，それぞれの場合について 50 円硬貨の枚数を決めればよい．

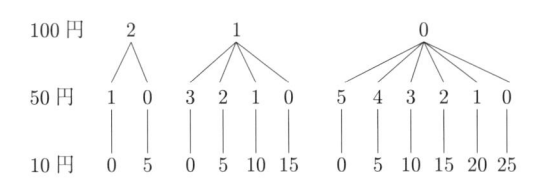

```
100円      2           1              0
50円     1   0      3  2  1  0     5  4  3  2  1  0
10円     0   5      0  5 10 15     0  5 10 15 20 25
```

図 **3.1** 和法則の樹形図

ここで，使われる100円硬貨の枚数が，それぞれ 2,1,0 枚となることは同時に起こらないので，払う方法は

$$2+4+6=12 \quad 通り$$

となる． ∎

この考え方をまとめると

定理 3.1 [和法則] いくつかのことがら $A_1, A_2, \cdots, A_n$ について，
▷ 各 A_i が起こる場合の数が $\ell_i\,(1 \leqq i \leqq n)$ で，
▷ 相異なる 2 つのことがら $A_i, A_j\,(i \neq j)$ は同時に起こらない

とする．このとき，$A_i\,(1 \leqq i \leqq n)$ のうちのいずれかが起こる場合の数は

$$\ell_1 + \ell_2 + \cdots + \ell_n \quad \text{通り．}$$

例題 3.2 大小 2 個のさいころを投げるとき，出る目の和が 4 の倍数になる場合の数を求めよ．

解答 例題 2.1 の表を利用する．

	1	2	3	4	5	6 (小)
1	2	3	**4**	5	6	7
2	3	**4**	5	6	7	**8**
3	**4**	5	6	7	**8**	9
4	5	6	7	**8**	9	10
5	6	7	**8**	9	10	11
(大) 6	7	**8**	9	10	11	**12**

A. 目の和が 4 になる場合：$(1,3), (2,2), (3,1)$ の 3 通り．
B. 目の和が 8 になる場合：$(2,6), (3,5), (4,4), (5,3), (6,2)$ の 5 通り．
C. 目の和が 12 になる場合：$(6,6)$ の 1 通り．

A, B, C は同時に起こらないので，求める場合の数は $3 + 5 + 1 = 9$．

■積法則■ 和法則を用いるといろいろな場合の数が計算されるが，次の積法則も有用である．

例題 3.3 A, B, C の 3 つの市があって，A 市から B 市へ行く道が a, b, c, d の 4 通り，B 市から C 市へ行く道が α, β, γ の 3 通りあるとき，A 市から C 市への行き方は何通りあるか．

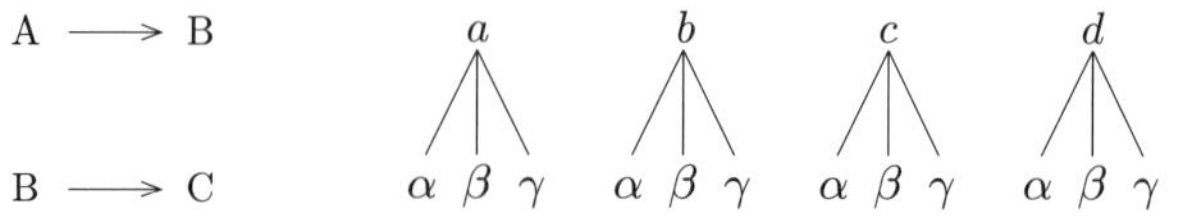

図 3.2 積法則の樹形図

[解答] A市からB市へ行く各々の道 a, b, c, d について，B市からC市へ行く道が α, β, γ の3通りずつあるので，和法則より

$$3 + 3 + 3 + 3 = 12 \quad 通り.$$

また，A市からB市へ行く4通りの道の各々に対して，B市からC市へ行く道はいずれも3通りずつあるから，

$$4 \times 3 = 12 \quad 通り$$

と計算してもよい．

例題3.3のような場合の計算法は次の定理としてまとめられる．

定理 3.2 [積法則] 2つのことがら A, B について，
▷ A が起こる場合が ℓ 通りあって，
▷ そのそれぞれについて B が起こる場合が m 通りずつある
とすると，A, B がともに起こる場合の数は

$$\ell \times m \quad 通り.$$

■順列 最初に，互いに異なる n 個のものを1列に並べる方法を，次の2つの例題で考えてみよう．

例題 3.4 A, B, C の3人が1列に並ぶとき，その並び方は何通りあるか．

[解答] それぞれ A, B, C が先頭になる場合で分ける．

Aが先頭のとき，ABC, ACB の2通り．

Bが先頭のとき，BAC, BCA の2通り．

Cが先頭のとき，CAB, CBA の2通り．

したがって，積法則を用いると $3 \cdot 2 = 6$ 通り (和法則を用いても $2 + 2 + 2 = 6$ 通り).

例題 3.5 A, B, C, D の4人が1列に並ぶとき，その並び方は何通りあるか．

[解答] 例題3.4を用いると

Aが先頭のとき，BCD の並び方は6通り．

Bが先頭のとき，ACD の並び方は6通り．

Cが先頭のとき，ABD の並び方は6通り．

Dが先頭のとき，ABC の並び方は6通り．
したがって，積法則を用いると $4 \cdot 6 = 24$ 通り．

上記の例題 3.5 は，積法則をくり返し適用してもよい．先頭の選び方は4通り，そのいずれの場合についても2番目の選び方は3通り，先頭と2番目のいずれの選び方に対しても3番目の選び方は2通り．したがって，

$$24 = 4 \cdot 3 \cdot 2$$

が答えとなる．一般的にいえば

定理 3.3 互いに異なる n 個のものを1列に並べる方法は

$$n \cdot (n-1) \cdots 3 \cdot 2 \cdot 1 \quad 通り．$$

この定理の考え方は，より一般的な問題に適用することができる．

例題 3.6 A, B, C, D, E の5人のうちの3人が1列に並ぶとき，並び方は何通りあるか．

解答 先頭の選び方は5通り，そのいずれの場合についても2番目の選び方は4通り，そのいずれの先頭と2番目についても3番目の選び方は3通り．したがって，

$$60 = 5 \cdot 4 \cdot 3 \quad 通り．$$

樹形図を描くのはたいへんだから，同じように枝分かれするという感覚を忘れずに上記の方法で計算をするとよい．

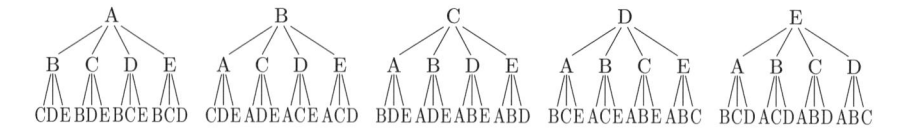

```
       A              B              C              D              E
   /  |  |  \     /  |  |  \     /  |  |  \     /  |  |  \     /  |  |  \
   B  C  D  E     A  C  D  E     A  B  D  E     A  B  C  E     A  B  C  D
  /|\/|\/|\/|\   /|\/|\/|\/|\   /|\/|\/|\/|\   /|\/|\/|\/|\   /|\/|\/|\/|\
  CDE BDE BCE BCD  CDE ADE ACE ACD  BDE ADE ABE ABD  BCE ACE ABE ABC  BCD ACD ABD ABC
```

このように，互いに異なる n 個のものから r 個を選んで1列に並べる方法を，n 個のものから r 個をとる**順列** (permutation) という．この，順列の総数を $_n\mathrm{P}_r$ と表せば，

定理 3.4 互いに異なる n 個のものから r 個をとる順列の総数は，次のように表される．

$$_n\mathrm{P}_r = n \cdot (n-1) \cdots (n-r+1)$$

ここで**階乗** (factorial) の記号

$$n! = 1 \cdot 2 \cdots (n-1) \cdot n$$

を導入すると，順列の総数は

$$_n\mathrm{P}_r = \frac{n!}{(n-r)!}$$

と表すことができる．ただし，$_n\mathrm{P}_n = n!$ となるように $0! = 1$ と約束する．

階乗はその！マークのように，急激に大きな数となる．

$$1! = 1$$
$$2! = 1 \cdot 2 = 2$$
$$3! = 1 \cdot 2 \cdot 3 = 6$$
$$4! = 1 \cdot 2 \cdot 3 \cdot 4 = 24$$
$$5! = 1 \cdot 2 \cdot 3 \cdot 4 \cdot 5 = 120$$
$$6! = 1 \cdot 2 \cdot 3 \cdot 4 \cdot 5 \cdot 6 = 720$$

▍**組合せ**▍　互いに異なる n 個のものから r 個を選ぶ方法を考える．

例題 3.7　5 人の中から 3 人の委員を選ぶ方法はいくつあるか．

解答　例題 3.6，定理 3.4 のように，5 人の中から 3 人を選んで並べる方法は

$$_5\mathrm{P}_3 = 60.$$

委員を選ぶだけならば，並べる順序は必要ないので，選ばれた 3 人を A, B, C と表すと

ABC, BCA, CAB, ACB, CBA, BAC

の 6 つは区別する必要がない．したがって，求める数は

$$\frac{_5\mathrm{P}_3}{3!} = \frac{60}{6} = 10.$$

一般に，互いに異なる n 個のものから，r 個のものを選ぶ方法を，n 個のものから r 個のものをとる**組合せ** (combination) といい，その総数を $_n\mathrm{C}_r$ と表す．

定理 3.5　互いに異なる n 個のものから r 個をとる組合せの総数は

$$_n\mathrm{C}_r = \frac{_n\mathrm{P}_r}{r!} = \frac{n(n-1)\cdots(n-r+1)}{r(r-1)\cdots 1}.$$

ここでまた，階乗の記号 $n!$ を用いると

$$_n\mathrm{C}_r = \frac{n!}{r!\,(n-r)!}.$$

例 3.1 「5個から3個を選ぶ」ことは「5個のうち2個を選ばない」ことと同じであり，$_5\mathrm{C}_3 = {_5\mathrm{C}_2} = 10$ とわかる．

一般に，次の等式が成立する．

$$_n\mathrm{C}_r = {_n\mathrm{C}_{n-r}} \tag{3.1}$$

この等式を用いると計算を楽にできることがある．

例 3.2 41個のメニューがある食堂で，大食漢が20個を選ぶとする．このとき，

- 一番最初のメニューを選ぶことに決め，残り40個のメニューからあと19個選ぶ．
- 一番最初のメニューは選ばないことに決め，残り40個のメニューから20個選ぶ．

という2通りの「戦略」がありうる．これを短く記号で表すと

$$_{41}\mathrm{C}_{20} = {_{40}\mathrm{C}_{19}} + {_{40}\mathrm{C}_{20}}$$

となる．

一般に，次の等式が成立する．

$$_n\mathrm{C}_r = {_{n-1}\mathrm{C}_{r-1}} + {_{n-1}\mathrm{C}_r}. \tag{3.2}$$

この関係を図にしたものが**パスカルの三角形**[1] である．

$$
\begin{array}{c}
_0\mathrm{C}_0 \\
_1\mathrm{C}_0 \; _1\mathrm{C}_1 \\
_2\mathrm{C}_0 \; _2\mathrm{C}_1 \; _2\mathrm{C}_2 \\
_3\mathrm{C}_0 \; _3\mathrm{C}_1 \; _3\mathrm{C}_2 \; _3\mathrm{C}_3 \\
_4\mathrm{C}_0 \; _4\mathrm{C}_1 \; _4\mathrm{C}_2 \; _4\mathrm{C}_3 \; _4\mathrm{C}_4 \\
_5\mathrm{C}_0 \; _5\mathrm{C}_1 \; _5\mathrm{C}_2 \; _5\mathrm{C}_3 \; _5\mathrm{C}_4 \; _5\mathrm{C}_5 \\
_6\mathrm{C}_0 \; _6\mathrm{C}_1 \; _6\mathrm{C}_2 \; _6\mathrm{C}_3 \; _6\mathrm{C}_4 \; _6\mathrm{C}_5 \; _6\mathrm{C}_6
\end{array}
\qquad
\begin{array}{c}
1 \\
1 \; 1 \\
1 \; 2 \; 1 \\
1 \; 3 \; 3 \; 1 \\
1 \; 4 \; 6 \; 4 \; 1 \\
1 \; 5 \; 10 \; 10 \; 5 \; 1 \\
1 \; 6 \; 15 \; 20 \; 15 \; 6 \; 1
\end{array}
$$

---

[1] Blaise Pascal (1623–1662)：フランスの数学者・物理学者・思想家．

問 3.1 等式 (3.1), (3.2) を計算によって証明せよ．

■**重複順列**　互いに異なる n 種類のものから，くり返しを許して r 個を選んで 1 列に並べる順列を，n 種類から r 個をとる**重複順列**という．その総数は，積法則より容易に求められる．

例題 3.8　1, 2, 3, 4, 5 の 5 個の数字から，くり返しを許して 3 個を選んで並べる方法の総数を求めよ．

解答　1 番目の選び方は 5 通り，そのいずれの場合についても 2 番目の選び方は 5 通り，そのいずれの先頭と 2 番目についても 3 番目の選び方は 5 通り．したがって，
$$5 \cdot 5 \cdot 5 = 125 \quad \text{通り.}$$

一般的に述べると，

定理 3.6　互いに異なる n 種類のものから r 個をとる重複順列の総数は，
$$n^r \quad \text{通り.}$$

■**同じものを含む順列**　次の例題を考えてみよう．

例題 3.9　白玉 3 個，赤玉 2 個，黒玉 2 個を全部 1 列に並べる方法はいくつあるか (図 3.3(1))．

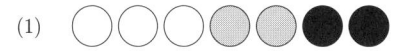

図 3.3　同じものを含む順列

解答　白玉 3 つに 1, 2, 3，赤玉 2 つに 4, 5，黒玉 2 つに 6, 7 と番号をつけ，7 個の玉を区別すると (図 3.3(2))，並べる方法は 7!．白玉の 1, 2, 3，赤玉の 4, 5，黒玉の 6, 7 はそれぞれ区別する必要がないので，7! のうちで

　　　　　白玉：3! 通り，　赤玉：2! 通り，　黒玉：2! 通り

は重複して数えられている．したがって，求める数は
$$\frac{7!}{3!\,2!\,2!} = 210 \quad \text{通り.}$$

一般的に述べると

定理 3.7 異なる m 種類のものが，それぞれ r_i 個ずつあるとする．このとき，それらのものを1列に並べる方法は，
$$\frac{(r_1 + r_2 + \cdots + r_m)!}{r_1! \, r_2! \cdots r_m!} \quad 通り．$$

✎ 2種類のものがそれぞれ r 個，s 個あるとき，それらを1列に並べる方法の総数は，$(r+s)$ 個のものから r 個のものをとる組合せの総数と同じであり，
$$_{r+s}C_r = \frac{(r+s)!}{r! \, s!} \quad 通り．$$

■**重複組合せ**■ 異なる n 種類のものから，くり返しを許して r 個を選ぶとどうなるか考えてみよう．最初は似たような例題として

例題 3.10 A, B, C の3つのバスケットに6つのボールを入れる方法はいくつあるか．

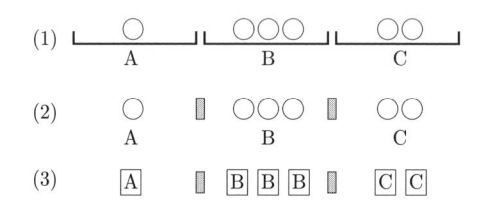

(1) ─○─ ─○○○─ ─○○─
  A   B   C

(2) ○ ▮ ○○○ ▮ ○○
 A   B   C

(3) A ▮ B B B ▮ C C

図 **3.4**　重複組合せ

解答　3種類のバスケットに対して，同じバスケットをくり返し選ぶことを許して6個のボールを入れる．図 3.4(1) のような1つの入れ方に対して，(2) のような6つのボールと2つの仕切りの列を対応させる．このとき，このようなボールと仕切りの列に対して，1つの入れ方が対応するので，ボールの入れ方と，ボールと仕切りの列とは1対1に対応している．したがって，ボールの入れ方の数は，6つのボールと2つの仕切りの列の並べ方の数と等しいので，定理 3.7 より
$$\frac{8!}{6! \, 2!} = 28 \quad 通り．$$

この例題がわかれば，次の問題が解ける．

例題 3.11 A, B, C を1文字ずつ書いた3種類のカードが，それぞれたくさんあるとき，その中からくり返しを許して6枚のカードを選ぶ方法はいくつ

あるか.

解答 これは，見かけは異なるが，前の例題 3.10 と同じである．図 3.4(3) のように，バスケット A の中のボールを A のカードと考えると，(2) の並べ方と 1 対 1 に対応するので，選ぶ方法は同じ 28 通りである． ∎

一般に，異なる n 種類のものから，くり返しを許して r 個のものを選ぶ方法を，n 種類のものから r 個のものをとる**重複組合せ** (repeated combination) といい，その総数を $_n\mathrm{H}_r$ と表す．例題 3.10, 3.11 でみたように，$_n\mathrm{H}_r$ は
$$r_1 + r_2 + \cdots + r_n = r$$
を満たす 0 以上の整数の組 $(r_1, r_2, \cdots, r_n)$ の個数に等しい．

定理 3.8 異なる n 種類のものから，くり返しを許して r 個のものをとる組合せの総数は
$$_n\mathrm{H}_r = \frac{(n+r-1)!}{r!\,(n-1)!}.$$

✎ 組合せの記号を用いれば，この定理は
$$_n\mathrm{H}_r = {}_{n+r-1}\mathrm{C}_r$$
のように表されるので，覚えるのに便利である．

▌2 項定理▐ $(a+b)^n$ の展開式を考える．次の展開公式はよく知られている．
$$(a+b)^2 = a^2 + 2ab + b^2,$$
$$(a+b)^3 = a^3 + 3a^2b + 3ab^2 + b^3.$$
続いて $(a+b)^4$ を展開すると，$a^4, a^3b, a^2b^2, ab^3, b^4$ の 5 つの項が出る．
$$(a+b)^4 = (a+b)(a+b)(a+b)(a+b)$$
であり，たとえば a^2b^2 は

$$aabb, \quad abab, \quad abba, \quad baab, \quad baba, \quad bbaa$$

をまとめた項なので，係数は a, a, b, b を一列に並べる方法の総数，すなわち定理 3.7 より
$$\frac{4!}{2!\,2!} = 6.$$

これは $_4\mathrm{C}_2$ とも等しい．

このことを一般的に述べると

定理 3.9 [2項定理] $(a+b)^n$ の展開において，$a^r b^{n-r}$ の係数は
$$_n\mathrm{C}_r = \frac{n!}{r!\,(n-r)!}$$
である．すなわち，次の展開式が成立する．
$$(a+b)^n = \sum_{r=0}^{n} {}_n\mathrm{C}_r\, a^r b^{n-r}.$$

組合せの記号の性質 (3.2) を用いると，$(a+b)^n$ の各項の係数は，パスカルの三角形を利用して，$n=1, 2, \cdots$ と順次計算できる．

問 3.2 積 $(1+x)^n (x+1)^n$ を考えることで，等式
$$_{2n}\mathrm{C}_n = ({}_n\mathrm{C}_0)^2 + ({}_n\mathrm{C}_1)^2 + ({}_n\mathrm{C}_2)^2 + \cdots + ({}_n\mathrm{C}_n)^2$$
を証明せよ．また，(3.1) より，この等式は
$$_{2n}\mathrm{C}_n = {}_n\mathrm{C}_0 \cdot {}_n\mathrm{C}_n + {}_n\mathrm{C}_1 \cdot {}_n\mathrm{C}_{n-1} + {}_n\mathrm{C}_2 \cdot {}_n\mathrm{C}_{n-2} + \cdots + {}_n\mathrm{C}_n \cdot {}_n\mathrm{C}_0$$
とも書ける．組合せの意味を考えて，これを解釈せよ．

■**多項定理**■ 式 $(a+b)^n$ の展開において，$a^r b^{n-r}$ の係数 $_n\mathrm{C}_r$ を「組合せの総数」と考えずに，最初に説明したように，r 個の a と $(n-r)$ 個の b を並べる「同じものを含む順列の総数」と考えた方が応用が広い．

たとえば，$(a+b+c)^n$ の展開を計算するとき，$a^p b^q c^r$ の係数は，p 個の a，q 個の b および r 個の c を並べる順列の総数なので $(p+q+r=n)$
$$\frac{n!}{p!\,q!\,r!}$$
である．したがって，3項定理というべき展開式は
$$(a+b+c)^n = \sum_{p+q+r=n} \frac{n!}{p!\,q!\,r!} a^p b^q c^r$$
となる．ここで，記号 $\displaystyle\sum_{p+q+r=n}$ は $p+q+r=n$ を満たす 0 以上の整数の組 (p, q, r) 全体について和をとるという意味である．

§3.2 確率の基本法則

■**和事象・積事象**■ 一般に，2つの事象 A, B に対して，
- A または B が起こる事象を**和事象**といい，$A \cup B$ と表す．
- A と B がともに起こる事象を**積事象**といい，$A \cap B$ と表す．

例 3.3 ひと組 52 枚のトランプから 1 枚のカードを引くとき，事象 A, B を

$$A = \{\text{引いたカードがハートである}\},$$

$$B = \{\text{引いたカードが絵札である}\}$$

とすると

$$A \cup B = \{\text{引いたカードがハートまたは絵札である}\},$$

$$A \cap B = \{\text{引いたカードがハートの絵札である}\}.$$

■**集合の和と共通部分**■ 2つの集合 A と B の要素全体からなる集合を A と B の**和** (union) といい $A \cup B$ で表す (A cup B と読むことが多い)．すなわち

$$A \cup B = \{x\,;\, x \in A \text{ または } x \in B\}.$$

✎ ここで，使われている「または」は，x が $x \in A$ かつ $x \in B$ である場合を含んでいる．これは数学の習慣で，本書にでてくる「または」はすべてこの意味である．英語では "$x \in A$ and/or $x \in B$" と表されることがある．

2つの集合 A と B の両方に属する要素全体からなる集合を A と B の**共通部分** (intersection) といい $A \cap B$ で表す (A cap B と読むことが多い)．すなわち

$$A \cap B = \{x\,;\, x \in A \text{ かつ } x \in B\}.$$

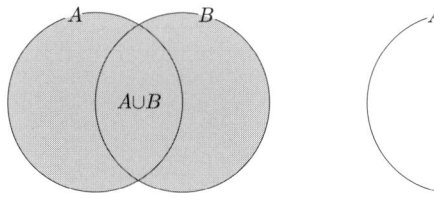

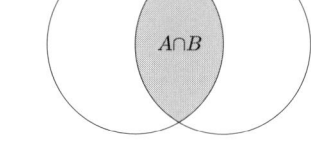

図 3.5 A と B の和 $A \cup B$ と共通部分 $A \cap B$

✎ 集合の和と共通部分について次のことが成立する (集合算の分配法則)．

$$A \cap (B \cup C) = (A \cap B) \cup (A \cap C), \quad A \cup (B \cap C) = (A \cup B) \cap (A \cup C).$$

要素の数が有限である集合を**有限集合** (finite set) という．有限集合 A の要素の数を $n(A)$ と表す．もし，2 つの有限集合 A, B が $A \cap B = \emptyset$ を満たすならば

$$n(A \cup B) = n(A) + n(B)$$

が成立する．一般には

定理 3.10 [和法則] 2 つの有限集合 A, B について，
$$n(A \cup B) = n(A) + n(B) - n(A \cap B). \tag{3.3}$$

例題 3.12 1 から 20 までの数のうちで，2 または 3 で割り切れる数はいくつあるか．

[解答] 2 で割り切れる数の集合：$A = \{2, 4, \mathbf{6}, 8, 10, \mathbf{12}, 14, 16, \mathbf{18}, 20\}$,
3 で割り切れる数の集合：$B = \{3, \mathbf{6}, 9, \mathbf{12}, 15, \mathbf{18}\}$,
2 でも 3 でも割り切れる数 (6 で割り切れる数) の集合：$A \cap B = \{\mathbf{6}, \mathbf{12}, \mathbf{18}\}$.
よって，和法則より

$$n(A \cup B) = n(A) + n(B) - n(A \cap B) = 10 + 6 - 3 = 13.$$

■ **確率の基本法則** ■ 標本空間を Ω とする．どの基本事象が起こることも同様に確からしい場合，つまり，事象 A の起こる確率が

$$P(A) = \frac{n(A)}{n(\Omega)}$$

によって与えられる場合を例にとり，確率計算の基本法則について調べてみよう．

- どんな事象 A についても $0 \leq n(A) \leq n(\Omega)$ が成り立つから，

$$0 \leq \frac{n(A)}{n(\Omega)} \leq 1,$$

つまり

$$0 \leq P(A) \leq 1$$

である．

- 標本空間 Ω と空事象 $\emptyset$ について，$P(\Omega) = 1$, $P(\emptyset) = 0$.
- 2 つの事象 A と B とが同時に起こらないとき，A と B とは互いに**排反**であるという．これは

$$A \cap B = \emptyset$$

と表してもよい．このとき
$$n(A \cup B) = n(A) + n(B)$$
が成立するので
$$\frac{n(A \cup B)}{n(\Omega)} = \frac{n(A) + n(B)}{n(\Omega)} = \frac{n(A)}{n(\Omega)} + \frac{n(B)}{n(\Omega)}.$$
ゆえに，事象 A と事象 B とが互いに排反ならば
$$P(A \cup B) = P(A) + P(B)$$
が成立する．

例題 3.13 大小2個のさいころを投げるとき，出る目の和が4の倍数になる確率を求めよ．

解答 例題 3.2 より，

A. 目の和が4になる場合：$(1,3), (2,2), (3,1)$ の3通り．したがって，確率は $\frac{3}{36}$．

B. 目の和が8になる場合：$(2,6), (3,5), (4,4), (5,3), (6,2)$ の5通り．したがって，確率は $\frac{5}{36}$．

C. 目の和が12になる場合：$(6,6)$ の1通り．したがって，確率は $\frac{1}{36}$．

A, B, C は同時に起こらないので，求める確率は $\frac{3}{36} + \frac{5}{36} + \frac{1}{36} = \frac{9}{36} = \frac{1}{4}$．

一般に，どんな確率モデルにおいても，次の3つの**確率の基本法則**が成り立つ．

定理 3.11 確率モデル (Ω, P) に対して，
- 任意の事象 A について， $0 \leqq P(A) \leqq 1$．
- 標本空間 Ω と空事象 $\emptyset$ について， $P(\Omega) = 1, P(\emptyset) = 0$．
- 事象 A と事象 B とが互いに排反ならば， $P(A \cup B) = P(A) + P(B)$．

証明 任意の事象 A に対して，
$$0 \leqq P(A) = \sum_{\omega \in A} p(\omega) \leqq \sum_{\omega \in \Omega} p(\omega) = 1.$$

ゆえに $0 \leqq P(A) \leqq 1$ である．また，事象 A と事象 B とが互いに排反ならば

$$P(A \cup B) \sum_{\omega \in A \cup B} p(\omega) = \sum_{\omega \in A} p(\omega) + \sum_{\omega \in B} p(\omega) = P(A) + P(B).$$

この基本法則から導かれる，実際に確率を計算をするとき有用な計算公式を以下で紹介しよう．

■**余事象**■　事象 A に対して，「A が起こらない」という事象を，A の**余事象**といい，A^c と表す[2]．

事象 A と A^c について

$$A \cup A^c = \Omega, \quad A \cap A^c = \emptyset$$

が成り立つので，

$$P(A \cup A^c) = P(A) + P(A^c) = P(\Omega) = 1.$$

ゆえに

定理 3.12 [余事象の確率]　任意の事象 A に対して，　$P(A^c) = 1 - P(A)$.

この定理は，$P(A) = 1 - P(A^c)$ と表してもよい．

例題 3.14　3 枚の硬貨を同時に投げる試行で，少なくとも 1 枚は表であるという事象の確率を求めよ．

解答　A を少なくとも 1 枚は表であるという事象とすると，余事象 A^c は 3 枚とも裏である事象となる．したがって，$P(A^c) = \dfrac{1}{2^3} = \dfrac{1}{8}$. ゆえに，求める確率は定理 3.12 より

$$P(A) = 1 - P(A^c) = 1 - \frac{1}{8} = \frac{7}{8}.$$

✎　どの基本事象が起こることも同様に確からしい場合，定理 3.12 は

$$n(A) + n(A^c) = n(\Omega)$$

であることから示される．しかし，確率の基本法則から証明しておけば，どんな確率モデルに対してもこの公式を利用できる．

問 3.3　大小 2 個のさいころを同時に投げる試行で，少なくともひとつ 1 の目が出る確率を求めよ．

---

[2] A' や $\overline{A}$ と書くこともある．

■**集合の差，全体集合と補集合**■　2つの集合 A と B において，A の要素で B に属さないもの全体からなる集合を A と B の**差** (difference) といい $A - B$ で表す．すなわち
$$A - B = \{x\,;\,x \in A \text{ かつ } x \notin B\}.$$

確率モデルにおける事象のように，考える集合のすべてが，ある (大きな) 集合 Ω の部分集合であるとき，Ω を**全体集合** (universal set) という．このとき，全体集合 Ω の要素で，集合 A に属さない要素全体を A の**補集合** (complement) といい A^c で表す．すなわち
$$A^c = \Omega - A.$$

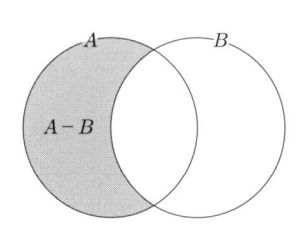

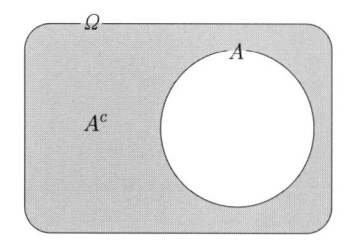

図 3.6　A と B の差 $A - B$ と，全体集合 Ω における A の補集合 A^c

補集合について，次のことが成立する[3]．

定理 3.13 [ド・モルガンの法則]
$$(A \cup B)^c = A^c \cap B^c, \quad (A \cap B)^c = A^c \cup B^c.$$

■**一般の和法則**■　必ずしも排反でない 2 つの事象 A, B について $P(A \cup B)$ を計算したい．

定理 3.14 [一般の和法則]　任意の事象 A, B に対して，
$$P(A \cup B) = P(A) + P(B) - P(A \cap B).$$

証明
$$\sum_{\omega \in A \cup B} p(\omega) = \sum_{\omega \in A} p(\omega) + \sum_{\omega \in B} p(\omega) - \sum_{\omega \in A \cap B} p(\omega). \quad \blacksquare$$

✎　どの基本事象が起こることも同様に確からしい場合，定理 3.14 は
$$n(A \cup B) = n(A) + n(B) - n(A \cap B)$$

---

[3] Augustus de Morgan (1806–1871)：イギリスの数学者．

より
$$\frac{n(A \cup B)}{n(\Omega)} = \frac{n(A) + n(B) - n(A \cap B)}{n(\Omega)} = \frac{n(A)}{n(\Omega)} + \frac{n(B)}{n(\Omega)} - \frac{n(A \cap B)}{n(\Omega)}$$
となることから示される．

✎ 少し難しくなるが，確率の基本法則 (定理 3.11) から一般の和法則を導くには次のようにすればよい．
$$A \cup B = A \cup (B \cap A^c), \quad A \cap (B \cap A^c) = \emptyset$$
が成り立つので，
$$P(A \cup B) = P(A) + P(B \cap A^c).$$
また，
$$B = (B \cap A) \cup (B \cap A^c), \quad (B \cap A) \cap (B \cap A^c) = \emptyset$$
が成り立つので，
$$P(B) = P(B \cap A) + P(B \cap A^c), \quad \text{つまり}, \quad P(B \cap A^c) = P(B) - P(A \cap B).$$
これらを合わせると定理 3.14 が得られる．

例題 3.15 1 から 20 までの番号が書かれた 20 枚のカードから 1 枚のカードを引くとき，引いたカードの番号が 2 または 3 で割り切れる事象の確率を求めよ．

解答 一般の和法則を利用して求めてみよう．

A. 2 で割り切れる数：2, 4, **6**, 8, 10, **12**, 14, 16, **18**, 20 の 10 通り．したがって確率は $\dfrac{10}{20}$.

B. 3 で割り切れる数：3, **6**, 9, **12**, 15, **18** の 6 通り．したがって確率は $\dfrac{6}{20}$.

C. 2 でも 3 でも割り切れる数 (6 で割り切れる数)：**6**, **12**, **18** の 3 通り．したがって確率は $\dfrac{3}{20}$.

よって，求める確率は
$$\frac{10}{20} + \frac{6}{20} - \frac{3}{20} = \frac{13}{20}.$$

問 3.4 大小 2 個のさいころを投げるとき，A, B をそれぞれ，A：目の和が 2 の倍数である，B：目の和が 3 の倍数であるという事象とする．このとき，次の確率を求めよ．
(1) $P(A \cap B)$ (2) $P(A \cup B)$

§3.3 事象の独立

大小2つのさいころを投げるとき，基本事象の数は36であり，標本空間を $\Omega = \{(i,j)\,;\,i,j=1,\cdots,6\}$ とする．このとき，大きなさいころに奇数の目が出て，小さなさいころに1または2の目が出る確率は $\dfrac{3\times 2}{36} = \dfrac{1}{6}$．

ここで，A：大きなさいころに奇数の目が出る事象，B：小さなさいころに1または2の目が出る事象とすると

$$P(A)P(B) = \frac{3}{6} \times \frac{2}{6} = \frac{3\times 2}{36} = \frac{1}{6} = P(A\cap B)$$

が成立することがわかる．

■**独立な事象**■　2つの事象 A,B について

$$P(A\cap B) = P(A)P(B)$$

が成立するとき，2つの事象 A,B は **独立** (independent) であるという．

> **例題 3.16**　1組52枚のトランプから無作為に1枚引くとき，事象 A,B をそれぞれ，A：カードがハートである，B：カードが絵札であるとする．これらは独立か．

解答　$P(A) = \dfrac{1}{4}$, $P(B) = \dfrac{3}{13}$, $P(A\cap B) = \dfrac{3}{52}$
より，$P(A\cap B) = P(A)P(B)$ が成立する．ゆえに，事象 A,B は独立である．

「独立」と「排反」の違いに注意する．独立な事象であるかどうか，直感的に判断するのは難しいことがある (下の問3.5を参照)．

> **問 3.5**　1個のさいころを投げる試行において，事象 A, B, C をそれぞれ
> 　　A：偶数の目が出る，　B：4以下の目が出る，　C：5以下の目が出る
> とするとき，事象 A と B は独立か．また A と C は独立か．

例 3.4　大小2個のさいころがある．大きなさいころはゆがんでいて，i の目が出る確率を $p(i)$ と表すとき

$$p(1) = 0.1, \quad p(2) = p(3) = p(4) = p(5) = 0.15, \quad p(6) = 0.3$$

という値が与えられている．小さなさいころは普通の (正しい) さいころとす

る．大小2個のさいころを同時に投げるとき，大きなさいころの目が i となる事象と，小さなさいころの目が j となる事象は独立とすると，

$$p_{ij} = P(\{\,\text{大きなさいころの目が}\,i\,\} \cap \{\,\text{小さなさいころの目が}\,j\,\})$$
$$= p(i) \times \frac{1}{6} = \frac{p(i)}{6}.$$

p_{ij}	1	2	3	4	5	6 (小)
1	$\frac{1}{60}$	$\frac{1}{60}$	$\frac{1}{60}$	$\frac{1}{60}$	$\frac{1}{60}$	$\frac{1}{60}$
2	$\frac{1}{40}$	$\frac{1}{40}$	$\frac{1}{40}$	$\frac{1}{40}$	$\frac{1}{40}$	$\frac{1}{40}$
3	$\frac{1}{40}$	$\frac{1}{40}$	$\frac{1}{40}$	$\frac{1}{40}$	$\frac{1}{40}$	$\frac{1}{40}$
4	$\frac{1}{40}$	$\frac{1}{40}$	$\frac{1}{40}$	$\frac{1}{40}$	$\frac{1}{40}$	$\frac{1}{40}$
5	$\frac{1}{40}$	$\frac{1}{40}$	$\frac{1}{40}$	$\frac{1}{40}$	$\frac{1}{40}$	$\frac{1}{40}$
(大)6	$\frac{1}{20}$	$\frac{1}{20}$	$\frac{1}{20}$	$\frac{1}{20}$	$\frac{1}{20}$	$\frac{1}{20}$

問 3.6 例 3.4 において，大きなさいころの目と小さなさいころの目の和が奇数になる確率を求めよ．

■集合の直積■ 2つの集合 A と B に対して，集合

$$\{(a, b)\,;\,a \in A,\,b \in B\}$$

を A と B の**直積** (direct product) といい，$A \times B$ で表す．たとえば，$A = \{1, 2, 3\}$, $B = \{1, 2\}$ とすれば

$$A \times B = \{(1, 1),\,(1, 2),\,(2, 1),\,(2, 2),\,(3, 1),\,(3, 2)\}$$

となる．

定理 3.15 [積法則] 2つの有限集合 A, B の直積 $A \times B$ について，
$$n(A \times B) = n(A) \cdot n(B). \tag{3.4}$$

証明 2つの有限集合 A, B を

$$A = \{a_1, a_2, \cdots, a_m\}, \quad B = \{b_1, b_2, \cdots, b_n\}$$

とすれば，

$$A \times B = \{(a_i, b_j)\,;\,i = 1, \cdots, m,\,j = 1, \cdots, n\}$$

と表される．したがって，$n(A \times B) = mn$．∎

§3.3 事象の独立

■**独立な試行**■ 1個のさいころを投げるように，続けて何回もくり返すことができ，その結果が偶然によって決まるような実験や観察を**試行** (trial または experiment) という[4]．いくつかの試行において，それぞれの試行の結果が他の試行の結果に影響を及ぼさないとき，それらの試行は独立であるという．試行の独立性は，事象の独立性と深い関係がある．

例 3.5 1個のさいころを続けて2回投げる．これは，確率の観点からは，大小2個のさいころを投げる確率モデル (例題2.1) と同じである．このとき，事象 A_1, A_2 をそれぞれ

$$A_1 = \{ \text{奇数の目が出る} \}, \quad A_2 = \{ 1 \text{ または } 2 \text{ の目が出る} \}$$

とおくと

$6 = 1$ 回目の試行において，起こり得るすべての場合の数,

$3 = 1$ 回目の試行において，事象 A_1 の起こる場合の数,

$6 = 2$ 回目の試行において，起こり得るすべての場合の数,

$2 = 2$ 回目の試行において，事象 A_2 の起こる場合の数．

したがって，1回目の試行で奇数の目が出て，2回目の試行で1または2の目が出る確率を $P(A_1, A_2)$ と表すとき，$P(A_1, A_2)$ は

$$P(A_1, A_2) = \frac{3 \times 2}{6 \times 6} = \frac{3}{6} \times \frac{2}{6} = \frac{1}{6}.$$

次のように計算される．したがって，

$$P(A_1, A_2) = P(A_1)P(A_2)$$

が成立する．

一般的に，2つの試行 T_1 と T_2 を続けて行うとき，どの基本事象が起こることも同様に確からしいとする．

$n(\Omega_1) = $ 試行 T_1 において，起こり得るすべての場合の数

$n(A_1) = $ 試行 T_1 において，事象 A_1 の起こる場合の数

---

[4] この「試行」ということばは，数学的に定義されたものではないが，確率を議論するときには便利なことばである．

$n(\Omega_2) = $ 試行 T_2 において，起こり得るすべての場合の数

$n(A_2) = $ 試行 T_2 において，事象 A_2 の起こる場合の数

とおくと，起こり得るすべての場合の数は，積法則より

$$n(\Omega_1) \times n(\Omega_2).$$

したがって，試行 T_1 において事象 A_1 が起こり，試行 T_2 において事象 A_2 が起こる確率を $P(A_1, A_2)$ と表すと，それぞれの試行の結果が他の試行の結果に影響を及ぼさないならば

$$P(A_1, A_2) = \frac{n(A_1) \times n(A_2)}{n(\Omega_1) \times n(\Omega_2)} = \frac{n(A_1)}{n(\Omega_1)} \times \frac{n(A_2)}{n(\Omega_2)} = P(A_1)P(A_2).$$

このように，2つの試行において，試行 T_1 において事象 A_1 が起こり，試行 T_2 において事象 A_2 が起こる確率を $P(A_1, A_2)$ と表すとき，任意の2つの事象 A_1, A_2 に対して

$$P(A_1, A_2) = P(A_1)P(A_2)$$

が成立するならば，2つの試行 T_1 と T_2 は**独立**であるという．

例 3.6 射撃の選手 a が的に命中させる確率は $\frac{8}{9}$，選手 b が的に命中させる確率は $\frac{9}{10}$ であるとする．2人が1回ずつ試技を行うとき，2つの試技が独立であるとすると，2人がともに命中させる確率は

$$\frac{8}{9} \times \frac{9}{10} = \frac{8}{10} = \frac{4}{5}.$$

また，2人のうち1人だけが命中させる事象は，

$A:$ a が命中させ，b が失敗する，

$B:$ b が命中させ，a が失敗する

とおくと，和事象 $A \cup B$ で表される．

$$P(A) = \frac{8}{9} \times \left(1 - \frac{9}{10}\right) = \frac{8}{90},$$
$$P(B) = \left(1 - \frac{8}{9}\right) \times \frac{9}{10} = \frac{9}{90}$$

であり，事象 A と B は排反だから
$$P(A \cup B) = P(A) + P(B) = \frac{8}{90} + \frac{9}{90} = \frac{17}{90}.$$

一般に，n 個の試行 $T_1, T_2, \cdots, T_n$ において，試行 T_1 において事象 A_1 が起こり，試行 T_2 において事象 A_2 が起こり，$\cdots$，試行 T_n において事象 A_n が起こる確率を $P(A_1, A_2, \cdots, A_n)$ と表すとき，任意の n 個の事象 $A_1, A_2, \cdots, A_n$ に対して
$$P(A_1, A_2, \cdots, A_n) = P(A_1)P(A_2)\cdots P(A_n)$$
が成立するならば，n 個の試行 $T_1, T_2, \cdots, T_n$ は**独立**であるという．

例題 3.17 4つのユニット a, b, c, d から作られている製品があり，1つのユニットが不良品であれば，その製品は正常に動かないとする．各ユニットが不良品となる事象は独立として，不良品である割合(確率)をそれぞれ

a : 0.20 %， b : 0.15 %， c : 0.10 %， d : 0.05 %

とするとき，製品が不良品となる確率はいくらか．

解答 製品が正常に組み立てられる確率は
$$0.9980 \times 0.9985 \times 0.9990 \times 0.9995 = 0.995008743.$$
したがって，不良品となるのは $1 - 0.9950 = 0.005\ (0.5\%)$ である．

問 3.7 ある野球の選手が各打席でヒットを打つ確率は $\frac{1}{3}$ であるとする．この選手が3回打席に立つとき，ヒットを1本以上打つ確率を求めよ．ただし，各打席に関する事象は独立であるとする．また，ヒットを打つ確率が $\frac{1}{4}$ であるならば，4回打席に立つとき，ヒットを1本以上打つ確率はどうなるか．

■**条件付き確率**■ 一般に，事象 A が起こったという条件のもとで事象 B が起こる確率を，事象 A が起こったときの事象 B が起こる**条件付き確率**といい，$P_A(B)$ で表す．

どの基本事象が起こることも同様に確からしい場合，$n(A) : A$ の基本事象の数，$n(A \cap B) : A$ に含まれる B の基本事象の数とすると
$$P_A(B) = \frac{n(A \cap B)}{n(A)}$$

である．

例 3.7 箱の中に赤玉 5 個と白玉 4 個が入っていて，赤玉には 1 から 5 の数字が，白玉には 6 から 9 の数字が書いてある．この箱の中から 1 個の玉を取り出す．ここで，取り出した玉が赤玉とわかったとき，その玉に奇数の数字が書いてある条件付き確率を計算する．A：赤玉である事象，B：奇数が書いてある事象とする．このとき

$$n(A \cap B) = 3, \quad n(A) = 5$$

したがって，$P_A(B) = \dfrac{3}{5}$．

ここで，$P(B) = \dfrac{5}{9}$ であるので，取り出した玉が赤玉とわかったときと，そうでないときは「確率」が異なる．また，$P(A \cap B) = \dfrac{3}{9} = \dfrac{1}{3}$ であるので，$P(A \cap B)$ と $P_A(B)$ は異なるものである．

しかし，次のようなことも起こる．

例題 3.18 1 組 52 枚のトランプから無作為に 1 枚引く．引いたカードがハートであることがわかったとき，それが絵札である条件付き確率を計算せよ．

解答 A：カードがハートである事象，B：カードが絵札である事象とするとき

$$n(A) = 13, \quad n(A \cap B) = 3$$

より，$P_A(B) = \dfrac{3}{13}$ が成立する．ここでは，$P(B) = \dfrac{12}{52} = \dfrac{3}{13}$．この場合は $P_A(B) = P(B)$ となっている． ∎

問 3.8 例 3.7 において，取り出した玉に奇数の数字が書いてあるとき，それが赤玉である条件付き確率を計算せよ．

■**条件付き確率と独立性**■　例 3.7 と例題 3.18 からわかるように，事象の独立性と条件付き確率には深い関係がある．これを調べるために，条件付き確率の計算の仕方を見直してみよう．どの基本事象が起こることも同様に確からしい

場合，標本空間の要素の数を $n(\Omega)$ とすると

$$P_A(B) = \frac{n(A \cap B)}{n(A)} = \frac{\frac{n(A \cap B)}{n(\Omega)}}{\frac{n(A)}{n(\Omega)}} = \frac{P(A \cap B)}{P(A)}$$

となる．したがって，

$$P(A \cap B) = P(A)P_A(B), \quad \text{および} \quad P(A \cap B) = P(B)P_B(A)$$

が成り立つ．この公式は確率の**乗法定理**と呼ばれることがある．

これにならって，一般の確率モデルにおいては，条件付き確率を

$$P_A(B) = \frac{P(A \cap B)}{P(A)}, \quad P_B(A) = \frac{P(B \cap A)}{P(B)}$$

によって計算する．つまり，乗法定理が成り立つように約束してしまうのである．

独立性の定義 $P(A \cap B) = P(A)P(B)$ より，

定理 3.16　事象 A と B が独立であるための必要十分条件は

$$P(B) = P_A(B) \quad \text{または} \quad P(A) = P_B(A)$$

が成り立つことである．

例題 3.16 と例題 3.18 との関係を考えてみるとよい．

問 3.9　$P(B) = P_A(B)$ が成立すれば，$P(A) = P_B(A)$ も（自動的に）成立することを示せ．

例題 3.19　100 本の中に 2 本の当たりが入っているくじがある．a 君，b 君がこの順にくじを引くとき，それぞれが当たる確率を求めよ．ただし，くじはもとに戻さないこととする．

解答　A : a 君が当たりくじを引く，B : b 君が当たりくじを引くとする．明らかに，$P(A) = \dfrac{2}{100}$．また，$A \cap B$ と $A^c \cap B$ は排反だから

$$P(B) = P(A \cap B) + P(A^c \cap B).$$

乗法定理により

$$P(A \cap B) = P(A)P_A(B) = \frac{2}{100} \times \frac{1}{99} = \frac{2}{9900}$$

$$P(A^c \cap B) = P(A^c)P_{A^c}(B) = \frac{98}{100} \times \frac{2}{99} = \frac{196}{9900}$$

ゆえに

$$P(B) = \frac{2}{9900} + \frac{196}{9900} = \frac{198}{9900} = \frac{2}{100}$$

で，a 君と b 君が当たる確率は等しい．

問 3.10 一般に，n 本の中に r 本の当たりが入っているくじがある．a 君，b 君がこの順にくじを引くとき，それぞれが当たる確率を求めよ．ただし，くじはもとに戻さないこととする．

■**ベイズの公式**■　次の例題を検討しよう．

例題 3.20 ある資格試験において，初めて受験した者は全体の 30%であった．初めて受験した者の合格率は 25%で，2 回目以上の受験者の合格率は 60%であったという．次の問に答えよ．
(1)　全体の合格率を求めよ．
(2)　合格者のうち，初めて受験した者の比率を求めよ．

解答　A_1：「初めて受験する」という事象，A_2：「2 回目以上の受験である」という事象，B：「合格する」という事象とする．問題文より

	初めて受験 (全体の 30%)	2 回目以上の受験 (全体の 70%)
合格率	25%	60%

だから，これを記号で表すと

$$P(A_1) = 0.30 \quad P(A_2) = 0.70$$
$$P_{A_1}(B) = 0.25 \quad P_{A_2}(B) = 0.60$$

となる．
(1) $P(B)$ を求めたい．確率の乗法定理により，

$$P(A_1 \cap B) = P(A_1)P_{A_1}(B) = 0.30 \times 0.25 = 0.075,$$

$$P(A_2 \cap B) = P(A_2)P_{A_2}(B) = 0.70 \times 0.60 = 0.42$$

となるので

$$P(B) = P(A_1 \cap B) + P(A_2 \cap B) = 0.075 + 0.42 = 0.495.$$

(2) $P_B(A_1)$ を求める.
$$P_B(A_1) = \frac{P(B \cap A_1)}{P(B)} = \frac{0.075}{0.495} = \frac{5}{33}.$$

✎ 仮に，受験者の総数が 10000 人としてみると，初めての受験者が 3000 人で 2 回目以上の受験者が 7000 人である.
$$\text{初めての受験での合格者} = 3000 \times 0.25 = 750,$$
$$\text{2 回目以上の受験での合格者} = 7000 \times 0.60 = 4200$$
だから，合格者の総数は 4950 人である．また，合格者のうち初めての受験した者の比率は $\dfrac{750}{4950}$ である.

例題 3.20 の計算のポイントをまとめよう.
- A_1, A_2 は「原因の事象」とでもいうべきものであり，
  ▷ A_1 か A_2 のいずれか一方は必ず起こる：$A_1 \cup A_2 = \Omega$
  ▷ A_1 と A_2 が両方起こることはない：$A_1 \cap A_2 = \emptyset$
  を満たしている．このとき，ある事象 B の確率を原因別に分類して
  $$P(B) = P(A_1 \cap B) + P(A_2 \cap B)$$
  $$= P(A_1)P_{A_1}(B) + P(A_2)P_{A_2}(B)$$
  と計算することができる (**全確率の公式**と呼ばれることがある).
- ある事象 B が起こったとき，それがどの原因によるものかを調べたいとする．一般に $P_A(B)$ と $P_B(A)$ は等しいとは限らないが，$P(A \cap B) = P(B \cap A)$ は必ず成り立つことに注目すると
  $$P_B(A_1) = \frac{P(B \cap A_1)}{P(B)} = \frac{P(A_1 \cap B)}{P(B)}$$
  $$= \frac{P(A_1)P_{A_1}(B)}{P(A_1)P_{A_1}(B) + P(A_2)P_{A_2}(B)},$$
  $$P_B(A_2) = \frac{P(B \cap A_2)}{P(B)} = \frac{P(A_2 \cap B)}{P(B)}$$
  $$= \frac{P(A_2)P_{A_2}(B)}{P(A_1)P_{A_1}(B) + P(A_2)P_{A_2}(B)}$$
  によって $P_B(A_1)$ や $P_B(A_2)$ を求めることができる.

問 3.11 全人口の 1% がかかっているある病気について，次のような検査法があるとする．実際にこの病気にかかっている人に対しては 94% の確率で陽性反応を示すが，実際にはこの病気にかかっていない人に対しても 3% の確率で陽性反応を示す．さて，ある人がこの検査を受けたところ陽性反応が出た．この人が実際にこの病気にかかっている確率を求めよ．

上記の計算を，原因が 3 つ以上ある場合にも使えるようにまとめておく[5]．

定理 3.17 [ベイズの公式] 事象 $A_1, A_2, \cdots, A_n$ は，
▷ どれか 1 つは必ず起こる：$A_1 \cup A_2 \cup \cdots \cup A_n = \Omega$
▷ 同時には起こらない：$i \neq j$ ならば $A_i \cap A_j = \emptyset$

を満たすとする．このとき，

$$P_B(A_i) = \frac{P(A_i)P_{A_i}(B)}{\sum_{j=1}^n P(A_j)P_{A_j}(B)} \quad (i = 1, 2, \cdots, n).$$

証明 次のことを使えばよい．

$$P(B) = \sum_{j=1}^n P(A_j \cap B) = \sum_{j=1}^n P(A_j)P_{A_j}(B),$$

$$P_B(A_i) = \frac{P(B \cap A_i)}{P(B)} = \frac{P(A_i \cap B)}{P(B)},$$

$$P(A_i \cap B) = P(A_i)P_{A_i}(B).$$

✎ ベイズの公式は，統計学，オペレーションズ・リサーチ (OR)，行動科学，心理学などに広く応用される．一般的に，A_1 をある対象に対して立てられた仮説が成立する事象とすると，$P(A_1)$ はその確かさである．この対象についてある実験を行い，その結果として起こる事象を B とおくと，その結果が起こるという事象のもとでの仮説が成立する確かさ $P_B(A_1)$ を表すのが，ベイズの公式である．

---

[5] Thomas Bayes (1702?–1761)：イギリスの牧師・数学者．

4

確率変数と確率分布

§4.1 確率変数とその確率分布

■**確率変数と期待値**■ 100本のくじがあり，当たりくじとして1等が1本，2等が2本，3等が4本入っている．1等の賞金が5,000円，2等が2,000円，3等が1,000円とする．このくじを引くときに期待される賞金はいくらだろうか．賞金の総額は

$$1 \times 5{,}000 + 2 \times 2{,}000 + 4 \times 1{,}000 = 13{,}000 \text{ (円)}$$

だから，賞金額の平均は1本あたり

$$\frac{13{,}000}{100} = 130 \text{ (円)}$$

ということになる．一方，この平均の値は

$$130 = 5{,}000 \times \frac{1}{100} + 2{,}000 \times \frac{2}{100} + 1{,}000 \times \frac{4}{100}$$

というようにも計算できる．ここで

$$\frac{1}{100}, \quad \frac{2}{100}, \quad \frac{4}{100}$$

は，それぞれ，1等，2等，3等が当たる確率を表している．

■**くじを作る側とくじを買う側**■ 上記のくじを1本引いたときにもらえる金額を X(円) とする．X は直感的には「でたらめに値をとる変数」であるが，これについて数学的に考察したい．100本のくじの全体を $\Omega = \{\omega_1, \omega_2, \cdots, \omega_{100}\}$ と表し，各々のくじが出る事象は同様に確からしいとして

$$p(\omega_j) = \frac{1}{100} \quad (j = 1, 2, \cdots, 100)$$

と定めた確率モデル (Ω, P) を考えよう．

- **くじを作る側の立場** 100 本のくじの各々に，もらえる賞金を書いていく作業を想像する．その結果はたとえば

Ω	ω_1	ω_2	ω_3	$\cdots$	ω_{98}	ω_{99}	ω_{100}
X	2,000	5,000	0	$\cdots$	0	2,000	1,000
確率	$\dfrac{1}{100}$	$\dfrac{1}{100}$	$\dfrac{1}{100}$	$\cdots$	$\dfrac{1}{100}$	$\dfrac{1}{100}$	$\dfrac{1}{100}$

のようになるだろう．このように，変数 X は 1 つの ω に対して 1 つの値 $X(\omega)$ を対応させる関数と考えることができる．

- **くじを引く側の立場** くじを引く人は，各々のくじに何と書いてあるかという詳細な情報をもたないであろうが

X	5,000	2,000	1,000	0
確率	$\dfrac{1}{100}$	$\dfrac{2}{100}$	$\dfrac{4}{100}$	$\dfrac{93}{100}$

という X の値の散らばり方を目安にするだろう．

このように，くじを作った側の表を，賞金の額ごとに分類して

$$P(X = 5{,}000) = P(\{\omega_2\}) = \frac{1}{100},$$

$$P(X = 2{,}000) = P(\{\omega_1, \omega_{99}\}) = \frac{1}{100} + \frac{1}{100} = \frac{2}{100}$$

$$\vdots$$

といった計算をしておけば，くじを引く側にわかりやすい表ができる．期待値の計算も

$$\frac{2{,}000 + 5{,}000 + 0 + \cdots + 0 + 2{,}000 + 1{,}000}{100} = 130$$

に比べて

$$5{,}000 \times \frac{1}{100} + 2{,}000 \times \frac{2}{100} + 1{,}000 \times \frac{4}{100} + 0 \times \frac{93}{100} = 130$$

とする方がすっきりしている．とはいえ，くじを作る側の表には最も詳しい情報が含まれているので，期待値の深い性質を理解したい場合にはこちらが便利なことがある．

例題 4.1 硬貨1枚を投げて，表が出れば10点，裏が出れば0点とする．硬貨を3回投げるときの得点の期待値を求めよ．

解答 得点 X は硬貨の表裏の出方で決まる一種の「関数」と思える．硬貨を3回投げるときの標本空間は

$$\Omega = \{\,表表表, 表表裏, 表裏表, 裏表表, 表裏裏, 裏表裏, 裏裏表, 裏裏裏\,\}$$

であり，各基本事象の確率は $\dfrac{1}{8}$ である．$\omega \in \Omega$ に対して得点 $X = X(\omega)$ の値は次のようになる．

ω	表表表	表表裏	表裏表	裏表表	表裏裏	裏表裏	裏裏表	裏裏裏
$X(\omega)$	30	20	20	20	10	10	10	0

X の期待値は

$$30 \times \frac{1}{8} + 20 \times \frac{1}{8} + 20 \times \frac{1}{8} + 20 \times \frac{1}{8} + 10 \times \frac{1}{8} + 10 \times \frac{1}{8} + 10 \times \frac{1}{8} + 0 \times \frac{1}{8}$$
$$= \frac{120}{8} = 15$$

一方，得点の値ごとにまとめなおすと次の表が得られる．

得点	30 点	20 点	10 点	0 点
場合	表表表	表表裏 表裏表 裏表表	表裏裏 裏表裏 裏裏表	裏裏裏
確率	$\dfrac{1}{8}$	$\dfrac{3}{8}$	$\dfrac{3}{8}$	$\dfrac{1}{8}$

したがって，得点の期待値は

$$30 \times \frac{1}{8} + 20 \times \frac{3}{8} + 10 \times \frac{3}{8} + 0 \times \frac{1}{8} = \frac{120}{8} = 15$$

と計算することもできる．

　この例題の場合も，2番目の解法の方が易しく思える．確率変数を実際に扱うには，変数の値と分布がわかればほとんどの計算ができる．後に現れる，(たとえば正規分布に従うような) 連続型確率変数の場合は標本空間が難しいので，この方法が扱いやすい．一方で，1番目の解法のような見方は数学的により深い議論が必要になる場合にも便利である．

■**確率変数と確率分布，期待値**■　　X が有限個の値

$$x_1 < x_2 < \cdots < x_m$$

をとり，これらの値をとる事象の確率が

$$p_1, p_2, \cdots, p_m$$

と定められているとき，X を **(離散) 確率変数**といい，$p_1, p_2, \cdots, p_m$ を X の**確率分布**という．ここで

- $p_i > 0 \quad (i = 1, \cdots, m)$
- $p_1 + \cdots + p_m = 1$

を満たすものとする．確率分布を次の表のようにまとめて表すことも多い．

X	x_1	x_2	$\cdots$	x_m
確率	p_1	p_2	$\cdots$	p_m

このとき，

$$E[X] = \sum_{i=1}^{m} x_i p_i = x_1 p_1 + x_2 p_2 + \cdots + x_m p_m$$

を，確率変数 X の**期待値** (expectation) あるいは**平均** (mean, average) という．定数 c は「確率 1 で値 c をとる確率変数」とみることができるため，$E[c] = c$ である．

例 4.1 次のような表で与えられる確率分布をもつ確率変数 X を考える．

X	1	2	3	4	5	6
確率	$\frac{1}{6}$	$\frac{1}{6}$	$\frac{1}{6}$	$\frac{1}{6}$	$\frac{1}{6}$	$\frac{1}{6}$

この確率分布は $\{1, 2, 3, 4, 5, 6\}$ 上の**一様分布** (uniform distribution) と呼ばれる．この分布を式やグラフで表すと次のようになる．

$$P(X = k) = \frac{1}{6} \quad (k = 1, 2, 3, 4, 5, 6).$$

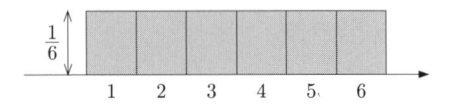

確率変数 X の期待値は

$$E[X] = \sum_{k=1}^{6} k \cdot \frac{1}{6} = 1 \times \frac{1}{6} + \cdots + 6 \times \frac{1}{6} = \frac{21}{6} = 3.5.$$

§4.1 確率変数とその確率分布

■**確率モデルから確率変数へ**■　さいころやくじから点数や賞金が決まる場面はよくある．確率変数を，ある確率モデルの標本空間の上の関数と考える方法についてまとめておく．

確率モデル (Ω, P) において，標本空間 Ω を

$$\Omega = \{\omega_1, \omega_2, \cdots, \omega_n\}$$

とおき，基本事象 ω_j の確率を $p(\omega_j)$ と表すと，$p(\omega_j)$ は

1. $p(\omega_j) \geqq 0 \quad (j = 1, \cdots, n)$
2. $p(\omega_1) + p(\omega_2) + \cdots + p(\omega_n) = 1$

を満たし，事象 A の確率 $P(A)$ は

$$P(A) = \sum_{\omega_j \in A} p(\omega_j) \quad [A \text{ に含まれる基本事象 } \omega_j \text{ の確率の和}]$$

と定義された．標本空間 Ω の各基本事象 ω に対して，実数値 $X(\omega)$ が定まっているとする．このとき，対応 $\omega \mapsto X(\omega)$ を **(離散) 確率変数** (random variable) といい，$X = X(\omega)$ のような記号で表す．すなわち，

$$X(\omega_j) = \widehat{x}_j \quad (j = 1, \cdots, n).$$

確率変数は次のような表であらわすとわかりやすい．

Ω	ω_1	ω_2	$\cdots$	ω_{n-1}	ω_n
X	$\widehat{x}_1$	$\widehat{x}_2$	$\cdots$	$\widehat{x}_{n-1}$	$\widehat{x}_n$

(4.1)

さて，

$$\widehat{x}_1, \widehat{x}_2, \cdots, \widehat{x}_{n-1}, \widehat{x}_n$$

の中から値の異なるものだけ取り出し，小さい順に並べたものを

$$x_1, x_2, \cdots, x_m$$

とする[1]．X の**確率分布** $\{p_1, \cdots, p_m\}$ は

$$p_i = P(X = x_i) = P(\{\omega \in \Omega \,;\, X(\omega) = x_i\}) \quad (i = 1, \cdots, m)$$

によって求まる．

---

[1] $\widehat{x}_j$ の値がすべて異なる場合は，$\widehat{x}_j$ と x_j を区別する必要はない．

例 4.2 さいころを 1 回投げるときの確率モデル
$$\Omega = \{1,2,3,4,5,6\}, \quad P(\{\omega\}) = \frac{1}{6} \quad (\omega \in \Omega)$$
を考える.

- さいころを 1 回投げて出た目を表す確率変数 X とは, $\omega \in \Omega$ に対して ω 自身の値を対応させる関数 $X(\omega) = \omega$ であり, X の確率分布は,
$$p_i = P(X=i) = P(\{\omega \in \Omega\,;\, X(\omega)=i\})$$
$$= P(\{i\}) = \frac{1}{6} \quad (i=1,2,3,4,5,6).$$

- さいころを 1 回投げて素数の目が出れば 1 点, それ以外なら 0 点とする. このときの点数 (確率変数) Y は
$$Y(\omega) = \begin{cases} 1 & (\omega = 2,3,5), \\ 0 & (\omega = 1,4,6) \end{cases}$$
という Ω 上の関数であり, Y の確率分布は,
$$P(Y=1) = P(\{\omega \in \Omega\,;\, Y(\omega)=1\}) = P(\{2,3,5\}) = \frac{3}{6} = \frac{1}{2},$$
$$P(Y=0) = P(\{\omega \in \Omega\,;\, Y(\omega)=0\}) = P(\{1,4,6\}) = \frac{3}{6} = \frac{1}{2}.$$

例 4.3 大小 2 個のさいころを同時に投げる. 例題 2.1 と同様に, 基本事象を (大きいさいころの目, 小さいさいころの目) の形で表すことにして,
$$\Omega = \{(i,j)\,;\, i,j = 1,2,\cdots,6\}, \quad P(\{(i,j)\}) = \frac{1}{36}, \quad (i,j) \in \Omega$$
という確率モデルを考える.

- 大きいさいころの目を表す確率変数 X_1 とは, $(i,j) \in \Omega$ に対して $X_1(i,j) = i$ を対応させる関数である.
- 小さいさいころの目を表す確率変数 X_2 とは, $(i,j) \in \Omega$ に対して $X_2(i,j) = j$ を対応させる関数である.
- 大きいさいころと小さいさいころの目の合計が偶数なら「丁」, 奇数な

ら「半」という値をとる確率変数 X とは, $(i,j) \in \Omega$ に対して

$$X(i,j) = \begin{cases} 丁 & (i+j = \text{偶数}), \\ 半 & (i+j = \text{奇数}) \end{cases}$$

と対応させる関数であり, X の確率分布は

$$P(X = 丁) = P(X = 半) = \frac{1}{2}.$$

(この確率変数については,「期待値」が定義できない.)

確率変数 X の期待値 $E[X]$ は

$$E[X] = \sum_{\omega \in \Omega} X(\omega) P(\omega)$$

と定義される. 確率分布を用いた計算法と同じ値になることは次のようにしてわかる.

$$\begin{aligned}
\sum_{\omega \in \Omega} X(\omega) P(\omega) &= \sum_{i=1}^{m} \sum_{\omega \in \Omega\,;\, X(\omega) = x_i} x_i P(\omega) \\
&= \sum_{i=1}^{m} x_i \sum_{\omega \in \Omega\,;\, X(\omega) = x_i} P(\omega) \\
&= \sum_{i=1}^{m} x_i P(\{\omega \in \Omega\,;\, X(\omega) = x_i\}) = \sum_{i=1}^{m} x_i p_i.
\end{aligned}$$

問 4.1 例 4.3 のモデルにおいて, 目の和を Y とするとき, Y の確率分布と期待値をそれぞれ求めよ.

■分散と標準偏差■ 確率変数 X の, 期待値 $E[X]$ からのちらばり具合を表す量 $V[X]$ を

$$\begin{aligned}
V[X] &= E[(X - E[X])^2] \\
&= \sum_{i=1}^{m} (x_i - E[X])^2 P(X = x_i) \\
&= (x_1 - E[X])^2 p_1 + \cdots + (x_m - E[X])^2 p_m
\end{aligned}$$

で定め，X の**分散** (variance) という．

たとえば，確率変数 X の単位が m であるとき，期待値 $E[X]$ の単位も m だが，分散 $V[X]$ の単位は m^2 になってしまう．そこで，

$$\sigma[X] = \sqrt{V[X]}$$

を考え，確率変数 X の**標準偏差** (standard deviation) と呼ぶ．

例 4.4 例題 4.1 の得点の分散と標準偏差．期待値 $E[X] = 15$ であった．

X	30	20	10	0
$(X - E[X])^2$	$(30-15)^2$	$(20-15)^2$	$(10-15)^2$	$(0-15)^2$
確率	$\dfrac{1}{8}$	$\dfrac{3}{8}$	$\dfrac{3}{8}$	$\dfrac{1}{8}$

上の表より

$$V[X] = 15^2 \times \frac{1}{8} + 5^2 \times \frac{3}{8} + (-5)^2 \times \frac{3}{8} + (-15)^2 \times \frac{1}{8}$$

$$= \frac{600}{8} = 75.$$

よって，標準偏差 $\sigma[X] = \sqrt{75} \fallingdotseq 8.660$．

分散の計算には次の公式が役立つことが多い．

定理 4.1 $V[X] = E[X^2] - (E[X])^2$．

証明 X の期待値 $E[X] = \sum_{i=1}^{m} x_i P(X = x_i) = \mu$ と書くと，

$$V[X] = \sum_{i=1}^{m}(x_i - \mu)^2 P(X = x_i) = \sum_{i=1}^{m}\{(x_i)^2 - 2x_i\mu + \mu^2\}P(X = x_i)$$

$$= \sum_{i=1}^{m}(x_i)^2 P(X = x_i) - 2\mu\sum_{i=1}^{m}x_i P(X = x_i) + \mu^2\sum_{i=1}^{m}P(X = x_i)$$

$$= E[X^2] - 2\mu^2 + \mu^2 = E[X^2] - \mu^2. \blacksquare$$

✎ 定理 4.1 は，前に出てきた定理 1.1 とよく似ている．実は

X	x_1	x_2	$\cdots$	x_{n-1}	x_n
確率	$\dfrac{1}{n}$	$\dfrac{1}{n}$	$\cdots$	$\dfrac{1}{n}$	$\dfrac{1}{n}$

という確率変数を考えると，
$$E[X] = \overline{x}, \quad E[X^2] = \overline{x^2}, \quad V[X] = s^2(x)$$
が成り立つので，定理 4.1 の特別な場合が定理 1.1 であるといえる．

✎ 一般に，$E[X^2]$ を X の 2 次モーメントという．

例題 4.2 確率変数 X の平均 $E[X]$，分散 $V[X]$，標準偏差 $\sigma[X]$ を求めよ．

X	-1	3	5
確率	0.5	0.3	0.2

解答 定理 4.1 を用いる場合，次のような表が便利である．

X	-1	3	5	$\Rightarrow E[X] = 1.4$
X^2	1	9	25	$\Rightarrow E[X^2] = 8.2$
確率	0.5	0.3	0.2	

$$V[X] = E[X^2] - (E[X])^2 = 8.2 - (1.4)^2 = 6.24, \quad \sigma[X] = \sqrt{V[X]} \fallingdotseq 2.498.$$

問 4.2 (問 4.1 の続き) 例 4.3 のモデルにおいて，目の和を Y とするとき，Y の分散と標準偏差を求めよ．

問 4.3 次の問に答えよ．
(1) $P(X = -4) = 0.3, P(X = 0) = 0.3, P(X = 2) = 0.4$ のとき，確率変数 X の平均 $E[X]$，分散 $V[X]$，標準偏差 $\sigma[X]$ を求めよ．
(2) プロ野球日本シリーズなどでは，7 戦のうち先に 4 勝した方が優勝となる．いま，両チームの実力が互角で，各試合の勝敗は独立と仮定する．第 X 戦で優勝が決まるとき，X の確率分布，期待値，分散，標準偏差を求めよ．

§4.2 期待値と分散の性質

期待値の線形性 2 つの確率変数 X, Y が同じ標本空間において定義されているとする．

Ω	ω_1	ω_2	$\cdots$	ω_{n-1}	ω_n
X	x_1	x_2	$\cdots$	x_{n-1}	x_n
Y	y_1	y_2	$\cdots$	y_{n-1}	y_n

このとき，2つの確率変数の和 $X+Y$ も確率変数となる．

Ω	ω_1	ω_2	$\cdots$	ω_{n-1}	ω_n
$X+Y$	x_1+y_1	x_2+y_2	$\cdots$	$x_{n-1}+y_{n-1}$	x_n+y_n

同様に，確率変数 X の定数倍である aX も確率変数となる．

Ω	ω_1	ω_2	$\cdots$	ω_{n-1}	ω_n
aX	ax_1	ax_2	$\cdots$	ax_{n-1}	ax_n

定理 4.2 [期待値の線形性] 確率変数 X, Y が同じ標本空間において定義されているならば
(1) $E[X+Y] = E[X] + E[Y]$.
(2) $E[aX] = aE[X]$ （a は定数）．

証明 (1) については
$$E[X+Y] = \sum_{j=1}^{n}(x_j+y_j)p(\omega_j)$$
$$= \sum_{j=1}^{n}x_j p(\omega_j) + \sum_{j=1}^{n}y_j p(\omega_j) = E[X] + E[Y].$$

(2) については
$$E[aX] = \sum_{j=1}^{n}(ax_j)p(\omega_j) = a\sum_{j=1}^{n}x_j p(\omega_j) = aE[X].$$

📝 定理 4.2 (1) において，確率変数 X, Y が同じ標本空間において定義されていることが重要である．異なる標本空間において定義されている確率変数については和は定義されない．これは，統計学において，異なる母集団の平均値に対しては，平均値の和が意味をなさないことを意味する．確率変数を，値と確率分布の組と考えることが多いが，必ず標本空間を念頭におくべきである．

定理 4.3 確率変数 $X_1, X_2, \cdots, X_n$ が同じ標本空間において定義されているならば

$$E[X_1 + X_2 + \cdots + X_n] = E[X_1] + E[X_2] + \cdots + E[X_n]. \tag{4.2}$$

証明は，定理 4.2 をくり返し用いることによる．

例 4.5 例題 4.1 の答えは，硬貨を 1 回投げるときの得点の期待値 5 の 3 倍になっている．定理 4.3 を使って求めてみよう．k 回目の得点を X_k とすれば，

$X = X_1 + X_2 + X_3$ だから
$$E[X] = E[X_1] + E[X_2] + E[X_3] = 5 + 5 + 5 = 15.$$
(X_1, X_2, X_3 は同じ確率分布をもつが，実現値が同じとは限らない．したがって $X = 3X_1$ のようにまとめることはできないことに注意されたい．)

問 4.4 さいころ1個を投げて，1または6の目が出れば2点，それ以外の目ならば0点とする．さいころを3回投げたときの得点の期待値を求めよ．

例 4.6 定理 4.1 を期待値の基本性質から証明してみよう．X の期待値 $E[X] = \mu$ と書くと，
$$V[X] = E[(X - \mu)^2] = E[X^2 - 2X\mu + \mu^2]$$
であり，μ が定数であることに注意すると
$$= E[X^2] - 2\mu E[X] + \mu^2 = E[X^2] - \mu^2.$$

定理 4.4 a, b を定数とする．確率変数 X の1次関数 $aX + b$ について，

期待値 $E[aX + b] = aE[X] + b$, 分散 $V[aX + b] = a^2 V[X]$.

証明 定理 4.2 により
$$E[aX + b] = E[aX] + E[b] = aE[X] + b$$
となる．また $V[aX + b] = E[(aX + b - E[aX + b])^2]$ であり，
$$aX + b - E[aX + b] = aX + b - (aE[X] + b) = a(X - E[X])$$
となることから，再び定理 4.2 により
$$V[aX + b] = E[\{a(X - E[X])\}^2] = E[a^2(X - E[X])^2]$$
$$= a^2 E[(X - E[X])^2] = a^2 V[X]$$
となる． ∎

分散の計算には2乗が含まれているから，確率変数を a 倍すると分散は a^2 倍になる．また，b を足すと確率変数の値が一斉にずれるため，分散への影響はない．

問 4.5 $E[X] = -3, V[X] = 2$ のとき，次の確率変数 Y に対する $E[Y], V[Y]$ を計算せよ．

(1) $Y = 4X + 3$ (2) $Y = -X - 3$ (3) $Y = -2X + 4$

問 4.6 確率変数 X について，$f(t) = E[(X - t)^2]$ を最小にする t の値と，その最

小値をそれぞれ求めよ．

■**確率変数の同時分布と周辺分布，独立性**■　確率変数の期待値は変数の値と分布の表

X	x_1	x_2	$\cdots$	x_n
確率	p_1	p_2	$\cdots$	p_n

$(p_1 + p_2 + \cdots + p_n = 1)$

からも計算できるが，X, Y の分布の表から和 $X+Y$ の期待値 (定理 4.2 (1) 参照) や積 XY の期待値などを計算したいときは

$$p_{ij} = P(X = x_i, Y = y_j)$$

という確率を考える必要がある．

2 つの確率変数 X, Y の確率分布が次の表のようであるとする．

X	x_1	x_2	$\cdots$	x_n
確率	p_1	p_2	$\cdots$	p_n

Y	y_1	y_2	$\cdots$	y_m
確率	q_1	q_2	$\cdots$	q_m

例 3.4 にならって表を作ると次のようになる．

	y_1	y_2	$\cdots$	y_j	$\cdots$	y_m	(Y)
x_1	p_{11}	p_{12}	$\cdots$	p_{1j}	$\cdots$	p_{1m}	
x_2	p_{21}	p_{22}	$\cdots$	p_{2j}	$\cdots$	p_{2m}	
$\vdots$	$\vdots$		$\ddots$			$\vdots$	
x_i	p_{i1}			p_{ij}		p_{im}	
$\vdots$	$\vdots$				$\ddots$	$\vdots$	
$(X)\ x_n$	p_{n1}	p_{n2}	$\cdots$	p_{nj}	$\cdots$	p_{nm}	

常に

$$\sum_{j=1}^{m} p_{ij} = p_i, \quad \sum_{i=1}^{n} p_{ij} = q_j$$

という関係が成り立つ．このことから，p_{ij} を X, Y の**同時分布** (joint distribution) と呼び，p_i や q_j を X, Y の**周辺分布** (marginal distribution) と呼ぶ．

✎ 同時分布を用いると,定理 4.2 (1) は次のように示される.
$$E[X+Y] = \sum_{i=1}^{n}\sum_{j=1}^{m}(x_i+y_j)p_{ij} = \sum_{i=1}^{n}x_i\sum_{j=1}^{m}p_{ij} + \sum_{j=1}^{m}y_j\sum_{i=1}^{n}p_{ij}$$
$$= \sum_{i=1}^{n}x_i p_i + \sum_{j=1}^{m}y_j q_j = E[X]+E[Y].$$

同じ標本空間において定義されている確率変数 X, Y に対し,すべての i, j について
$$P(X=x_i, Y=y_j) = P(X=x_i)P(Y=y_j),$$
すなわち,同時分布 p_{ij} と周辺分布 p_i, q_j との間に
$$p_{ij} = p_i q_j$$
という関係が成り立つとき,X と Y は **独立** (independent) であるという.

✎ これは,
$$A_a = \{\omega \in \Omega \,;\, X(\omega)=a\}, \quad B_b = \{\omega \in \Omega \,;\, Y(\omega)=b\}$$
おくとき,A_a と B_b が独立な事象,すなわち
$$P(A_a \cap B_b) = P(A_a)P(B_b)$$
が成立することと同値である.実は,次のこととも同値である.X の値にのみ関係する事象 A と Y の値にのみ関係する事象 B について,つねに $P(A\cap B)=P(A)P(B)$ が成り立つ.

例 4.7 同じ条件のもとで,さいころを 2 回投げるとする.
$$\Omega = \{(i,j)\,;\, i, j = 1, \cdots, 6\}$$
が標本空間である.確率変数 X, Y を次のように定める.
$$X = \begin{cases} 1 & (\text{最初に出る目が 1}), \\ 0 & (\text{最初に出る目が 2 以上}), \end{cases} \quad Y = \begin{cases} 1 & (\text{2 回目に出る目が 1}), \\ 0 & (\text{2 回目に出る目が 2 以上}). \end{cases}$$
ここで,X が値 1 をとる確率を $P(X=1)$ のように表すと
$$P(X=1, Y=1) = \frac{1}{36} = P(X=1)P(Y=1),$$
$$P(X=1, Y=0) = \frac{5}{36} = P(X=1)P(Y=0)$$

などが成り立つ．まとめると，次のようになる．
$$P(X=a, Y=b) = P(X=a)P(Y=b) \quad (a,b=0,1).$$
同時分布表は

(X)	0	1	(Y)
0	$\dfrac{25}{36}$	$\dfrac{5}{36}$	
1	$\dfrac{5}{36}$	$\dfrac{1}{36}$	

定理 4.5 同じ標本空間において定義されている確率変数 X, Y が独立ならば
$$E[XY] = E[X]E[Y]. \tag{4.3}$$

証明 すべての i,j について $P(X=x_i, Y=y_j) = P(X=x_i)P(Y=y_j)$ が成り立つから，
$$E[XY] = \sum_{i=1}^{n}\sum_{j=1}^{m} x_i y_j P(X=x_i, Y=y_j)$$
$$= \sum_{i=1}^{n}\sum_{j=1}^{m} x_i y_j P(X=x_i) P(Y=y_j)$$
$$= \left(\sum_{i=1}^{n} x_i P(X=x_i)\right)\left(\sum_{j=1}^{m} y_j P(Y=y_j)\right) = E[X]E[Y]. \blacksquare$$

この定理を用いると

定理 4.6 同じ標本空間において定義されている確率変数 X, Y が独立ならば
$$V[X+Y] = V[X] + V[Y] \tag{4.4}$$

証明 定理 4.1, 4.2, 4.3 により
$$V[X+Y] = E[(X+Y)^2] - (E[X+Y])^2$$
$$= E[X^2 + 2XY + Y^2] - (E[X] + E[Y])^2$$
$$= (E[X^2] + 2E[XY] + E[Y^2]) - \{(E[X])^2 + 2E[X]E[Y] + (E[Y])^2\}$$
$$= V[X] + 2(E[XY] - E[X]E[Y]) + V[Y].$$

X, Y が独立ならば，定理 4.5 より $E[XY] = E[X]E[Y]$ だから，$V[X+Y] = V[X] + V[Y]$ が成り立つ． $\blacksquare$

§4.2 期待値と分散の性質

問 4.7 同じ条件のもとでさいころを 2 回投げるモデルにおいて，確率変数 X, Y を次のように定める．

$$X = \begin{cases} 1 & (\text{最初に出る目が } 1), \\ 0 & (\text{最初に出る目が } 2 \text{ 以上}), \end{cases} \quad Y = \begin{cases} 1 & (2 \text{ 回目に出る目が } 1), \\ 0 & (2 \text{ 回目に出る目が } 2 \text{ 以上}). \end{cases}$$

(1) $E[X], E[Y], V[X], V[Y]$ を計算せよ．

(2) 確率変数 $X + Y$ が値 $0, 1, 2$ をとる確率 p_0, p_1, p_2 を求めて以下の表を完成し，$E[X + Y], V[X + Y]$ を計算せよ．

$X + Y$	0	1	2
確率	p_0	p_1	p_2

(3) $E[X + Y] = E[X] + E[Y]$, $V[X + Y] = V[X] + V[Y]$ を確認せよ．

■**共分散**　独立とは限らない確率変数 X, Y の和 $X + Y$ の期待値と分散について調べよう．どんな X, Y でも期待値については $E[X + Y] = E[X] + E[Y]$ が成り立つ (定理 4.2)．一方，分散については定理 4.6 の証明で見たように

$$V[X + Y] = V[X] + 2(E[XY] - E[X]E[Y]) + V[Y]$$

と余分の項が出てくる．X, Y が独立なら定理 4.5 により余分な項が消えて $V[X + Y] = V[X] + V[Y]$ となるのであった．

$$\mathrm{Cov}[X, Y] = E[XY] - E[X]E[Y]$$

を X, Y の**共分散** (covariance) という．$E[X] = \mu, E[Y] = \nu$ とおくと

$$E[(X - \mu)(Y - \nu)] = E[XY - \mu Y - \nu X + \mu \nu]$$

$$= E[XY] - \mu E[Y] - \nu E[X] + \mu \nu$$

$$= E[XY] - \mu \nu$$

となることから $\mathrm{Cov}[X, Y] = E[(X - E[X])(Y - E[Y])]$ でもある．

✎　$\mathrm{Cov}[X, X] = V[X]$ になっている．また，X または Y が定数なら $\mathrm{Cov}[X, Y] = 0$ となる．

以上のことを定理としてまとめておこう．

定理 4.7
$$V[X+Y] = V[X] + 2\mathrm{Cov}[X,Y] + V[Y].$$
X と Y が独立ならば，$\mathrm{Cov}[X,Y] = 0, V[X+Y] = V[X] + V[Y]$．

より一般に，次が成り立つ．

定理 4.8 同じ標本空間において定義された n 個の確率変数 $X_1, X_2, \cdots, X_n$ について，
$$V\left[\sum_{i=1}^{n} X_i\right] = \sum_{i=1}^{n} V[X_i] + 2 \sum_{1 \leqq i < j \leqq n} \mathrm{Cov}[X_i, X_j] \tag{4.5}$$
が成り立つ．特に，$X_1, X_2, \cdots, X_n$ のどの 2 つに注目しても独立であるとき，$i \neq j$ なら $\mathrm{Cov}[X_i, X_j] = 0$ だから
$$V[X_1 + X_2 + \cdots + X_n] = V[X_1] + V[X_2] + \cdots + V[X_n]. \tag{4.6}$$

問 4.8 (4.5) を証明せよ．

共分散は，2 つの確率変数 X, Y の分布の関連がどの程度であるかを表す．
▷ $\mathrm{Cov}[X,Y] > 0$ ならば，X, Y の値は同じ方向へ分布している．
▷ $\mathrm{Cov}[X,Y] < 0$ ならば，X, Y の値は反対の方向へ分布している．
▷ $\mathrm{Cov}[X,Y] = 0$ ならば，X, Y の値の分布には「関連がない」．ただし，正確には「直線的な関係」がないというだけで，X, Y が独立とは限らない．この点を区別するため，$\mathrm{Cov}[X,Y] = 0$ のとき，X, Y は**無相関**であるという．

例 4.8 X, Y は独立で
$$P(X = +1) = P(X = -1) = \frac{1}{2}, \quad P(Y = +1) = P(Y = -1) = \frac{1}{2}$$
を満たすとし，$W = X + Y, Z = X - Y$ とおく[2]．

---

[2] この例は宮本宗実氏にご教示頂いた．

Ω	ω_1	ω_2	ω_3	ω_4
X	$+1$	$+1$	-1	-1
Y	$+1$	-1	$+1$	-1
$W = X + Y$	2	0	0	-2
$Z = X - Y$	0	2	-2	0
確率	$\dfrac{1}{4}$	$\dfrac{1}{4}$	$\dfrac{1}{4}$	$\dfrac{1}{4}$

このとき，つねに $WZ = (X+Y)(X-Y) = X^2 - Y^2 = 1 - 1 = 0$ となり，W と Z は独立ではない．たとえば，

$$P(W=2, Z=2) = 0 \neq \frac{1}{16} = P(W=2)P(Z=2)$$

である．一方，$E[X] = E[Y] = 0$ だから $E[W] = E[Z] = 0$ であり，$E[WZ] = E[0] = 0$ だから $\mathrm{Cov}[W, Z] = 0$ である．

共分散について，

$$\mathrm{Cov}[X+Y, Z] = \mathrm{Cov}[X, Z] + \mathrm{Cov}[Y, Z], \quad \mathrm{Cov}[tX, Y] = t\,\mathrm{Cov}[X, Y] \quad (4.7)$$

が成り立つ．明らかに $\mathrm{Cov}[X, Y] = \mathrm{Cov}[Y, X]$ だから

$$\mathrm{Cov}[X, Y+Z] = \mathrm{Cov}[X, Y] + \mathrm{Cov}[X, Z], \quad \mathrm{Cov}[X, tY] = t\,\mathrm{Cov}[X, Y]$$

も成立し，上のことと合わせて**双線形性**と呼ばれている．これらは線形代数で学ぶ内積と共通した性質である．

問 4.9 (4.7) を証明せよ．

次の不等式は線形代数で学ぶコーシー・シュワルツの不等式に相当する[3]．

定理 4.9

$$|\mathrm{Cov}[X, Y]| \leq \sqrt{V[X]V[Y]}(= \sigma[X]\sigma[Y]).$$

等号が成立するための必要十分条件は

$$Y = aX + b \quad (a, b は定数)$$

---

[3] Augustin-Louis Cauchy (1789–1857)：フランスの数学者．
　Karl Hermann Amandus Schwarz (1843–1921)：ドイツの数学者．

と書けることである．

証明 任意の実数 t に対して $V[tX+Y] \geqq 0$ である．一方，定理 4.8 と (4.7) により

$$V[tX+Y] = V[tX] + 2\,\mathrm{Cov}[tX,Y] + V[Y]$$

$$= t^2 V[X] + 2t\,\mathrm{Cov}[X,Y] + V[Y]$$

$$= V[X]\left(t + \frac{\mathrm{Cov}[X,Y]}{V[X]}\right)^2 - \frac{(\mathrm{Cov}[X,Y])^2}{V[X]} + V[Y]$$

である．t の 2 次関数の最小値

$$-\frac{(\mathrm{Cov}[X,Y])^2}{V[X]} + V[Y] = \frac{V[X]V[Y] - (\mathrm{Cov}[X,Y])^2}{V[X]} \geqq 0$$

より求める不等式が得られる．等号が成立するとき

$$V[tX+Y] = V[X]\left(t + \frac{\mathrm{Cov}[X,Y]}{V[X]}\right)^2$$

であり，$t = -\dfrac{\mathrm{Cov}[X,Y]}{V[X]}$ とおくと $V[tX+Y] = 0$ となる．これは $tX+Y$ が定数 $E[tX+Y]$ に等しい，すなわち

$$Y - E[Y] = \frac{\mathrm{Cov}[X,Y]}{V[X]}(X - E[X])$$

が (確率 1 で) 成り立つことを示している．逆に，$Y = aX + b$ と書けるとき

$$\mathrm{Cov}[X,Y] = \mathrm{Cov}[X, aX+b] = a\,\mathrm{Cov}[X,X] + \mathrm{Cov}[X,b] = aV[X],$$

$$V[Y] = V[aX+b] = a^2 V[X]$$

だから，$\sqrt{V[X]V[Y]} = |a|V[X] = |\mathrm{Cov}[X,Y]|$ となる． ∎

例題 4.3 a, b, c を定数とするとき，2 つの確率変数 X, Y について

$$V[aX + bY + c] = a^2 V[X] + 2ab\,\mathrm{Cov}[X,Y] + b^2 V[Y] \tag{4.8}$$

が成り立つことを示せ．

解答 定理 4.4 と定理 4.7 を用いると

$$V[aX+bY+c] = V[aX+bY]$$

$$= V[aX] + 2\,\mathrm{Cov}[aX, bY] + V[bY]$$

$$= a^2 V[X] + 2ab\,\mathrm{Cov}[X,Y] + b^2 V[Y].$$

∎

▮相関係数▮ 定理 4.9 により

$$-\sqrt{V[X]V[Y]} \leqq \mathrm{Cov}[X,Y] \leqq \sqrt{V[X]V[Y]}$$

だから，
$$-1 \leqq \frac{\mathrm{Cov}[X,Y]}{\sqrt{V[X]V[Y]}} \leqq 1$$
となる．
$$\rho[X,Y] = \frac{\mathrm{Cov}[X,Y]}{\sqrt{V[X]V[Y]}}$$
を X, Y の**相関係数** (correlation coefficient) と呼ぶ．定理 4.7 より，X, Y が独立ならば $\rho[X,Y] = 0$ だが，逆は一般には成り立たない（例 4.8）．

定理 4.10 相関係数について次が成り立つ．
(1) $\rho[X,Y] = 1$ と $Y = aX + b \,(a > 0)$ と書けることは同値である．
(2) $\rho[X,Y] = -1$ と $Y = -aX + b \,(a > 0)$ と書けることは同値である．

証明 定理 4.9 の証明でほぼできている．$Y = aX + b$ ならば $\rho[X,Y] = \pm 1$ である．一方，$\rho[X,Y] = \pm 1$ ならば
$$Y = a(X - E[X]) + E[Y]$$
と書ける．ただし $a = \dfrac{\mathrm{Cov}[X,Y]}{V[X]} = \rho[X,Y]\dfrac{\sigma[Y]}{\sigma[X]}$ である． ∎

✎ 標本空間 $\Omega = \{\omega_1, \omega_2, \cdots, \omega_{n-1}, \omega_n\}$ と

Ω	ω_1	ω_2	$\cdots$	ω_{n-1}	ω_n
X	x_1	x_2	$\cdots$	x_{n-1}	x_n
Y	y_1	y_2	$\cdots$	y_{n-1}	y_n
確率	$\dfrac{1}{n}$	$\dfrac{1}{n}$	$\cdots$	$\dfrac{1}{n}$	$\dfrac{1}{n}$

という 2 つの確率変数 X, Y を考えると，
$$E[X] = \overline{x}, \quad E[X^2] = \overline{x^2}, \quad V[X] = s^2(x),$$
$$E[Y] = \overline{y}, \quad E[Y^2] = \overline{y^2}, \quad V[Y] = s^2(y),$$
$$E[XY] = \overline{xy}, \quad \mathrm{Cov}[X,Y] = s(x,y), \quad \rho[X,Y] = r(x,y).$$

5

2項分布と正規分布

§5.1 2項分布

■ベルヌイ試行■ 硬貨を投げて表が出るか裏が出るかのように，標本空間が2つの基本事象からなる確率モデルを**ベルヌイ試行** (Bernoulli trial) という[1]．さいころを投げて「5の目が出る」か「それ以外の目が出る」かに注目した場合もそうである．2つの基本事象を「成功」(1で表す) および「失敗」(0で表す) と考えることが多い．

例 5.1 さいころを1回投げるとき，確率変数 X を

$$X(\text{出る目が}5) = 1, \quad X(\text{出る目が}5\text{以外}) = 0$$

と定めると，X の期待値と分散は

$$E[X] = 1 \times \frac{1}{6} + 0 \times \frac{5}{6} = \frac{1}{6}$$

$$V[X] = \left(1 - \frac{1}{6}\right)^2 \times \frac{1}{6} + \left(0 - \frac{1}{6}\right)^2 \times \frac{5}{6} = \frac{5^2 + 5}{6^3} = \frac{5}{36}.$$

一般に，$0 \leqq p \leqq 1$ に対して，確率変数 X が

X	1	0
確率	p	$1-p$

を満たすとき，成功確率 p の**ベルヌイ分布**に従うという．$q = 1-p$ とおくことが多い．

定理 5.1 [ベルヌイ分布の期待値と分散] 確率変数 X が成功確率 p のベルヌイ分布に従うとき，

$$E[X] = p, \quad V[X] = pq \quad (q = 1-p).$$

証明 $E[X] = 1 \cdot p + 0 \cdot q = p,$
$V[X] = (1-p)^2 \times p + (0-p)^2 \times q = q^2 p + p^2 q = pq(p+q) = pq.$ ∎

---

[1] Jakob Bernoulli (1654–1705)：スイスの数学者．

§5.1　2項分布

■ベルヌイ試行列での成功回数■　成功確率が p (失敗確率が $q = 1 - p$) のベルヌイ試行を n 回くり返すのだが，毎回の試行は独立であるとする[2]．n 回の試行をくり返すとき，その基本事象は

$$(\omega_1, \omega_2, \cdots, \omega_n) \quad (\omega_j = 0, 1, \, j = 1, 2, \cdots, n)$$

のように表される．基本事象において 1 が k 回現れるものは，k 個の 1 と $n-k$ 個の 0 を 1 列に並べる方法の数と同じだけある．その数は ${}_nC_k$ であるから，

$$P(\{\,1\text{ が }n\text{ 回中 }k\text{ 回現れる}\,\}) = {}_nC_k\, p^k q^{n-k}$$

と表される．この確率モデルを，長さが n で成功確率が p の**ベルヌイ試行列**という．

長さ n のベルヌイ試行列における成功回数を表す確率変数 X を考える．$X = k$ となる確率 (X の分布) は

$$P(X = k) = {}_nC_k\, p^k q^{n-k} \quad (k = 0, 1, 2, \cdots, n) \tag{5.1}$$

で与えられる．この確率分布を試行回数 n, 成功確率 p の **2項分布**といい[3]，$B(n, p)$ と表す．

例題 5.1　硬貨を 6 回投げるとき，表が出る回数を X とする．次の問に答えよ．
(1)　$P(X = k)$ を求めよ．　　(2)　X の確率分布の表を作れ．
(3)　X の期待値 $E[X]$ を計算せよ．　　(4)　X の分散 $V[X]$ を計算せよ．

解答　(1) $P(X = k) = {}_6C_k \left(\dfrac{1}{2}\right)^k \left(\dfrac{1}{2}\right)^{6-k}$

$$= {}_6C_k \left(\dfrac{1}{2}\right)^6 = \dfrac{{}_6C_k}{64} \quad (k = 0, 1, 2, 3, 4, 5, 6).$$

(2)

X	0	1	2	3	4	5	6
確率	$\dfrac{1}{64}$	$\dfrac{6}{64}$	$\dfrac{15}{64}$	$\dfrac{20}{64}$	$\dfrac{15}{64}$	$\dfrac{6}{64}$	$\dfrac{1}{64}$

(3) X の期待値 $E[X]$ は
$$0 \times \dfrac{1}{64} + 1 \times \dfrac{6}{64} + 2 \times \dfrac{15}{64} + 3 \times \dfrac{20}{64} + 4 \times \dfrac{15}{64} + 5 \times \dfrac{6}{64} + 6 \times \dfrac{1}{64}$$

---

[2] 同じ試行をくり返し行い，毎回の試行は独立であるとする確率モデルを**独立試行**や**反復試行**と呼ばれる．
[3] 2項定理で $(p+q)^n$ を展開したときの各項に対応するため．

$$= \frac{192}{64} = 3$$

(4) 2通りの計算方法を示す.

- 分散の定義による方法：$\boxed{X \text{ の分散} = (X - E[X])^2 \text{ の期待値}}$ である.

X	0	1	2	3	4	5	6
$X - E[X]$	-3	-2	-1	0	1	2	3
$(X - E[X])^2$	9	4	1	0	1	4	9
確率	$\frac{1}{64}$	$\frac{6}{64}$	$\frac{15}{64}$	$\frac{20}{64}$	$\frac{15}{64}$	$\frac{6}{64}$	$\frac{1}{64}$

$$V[X] = E[(X - E[X])^2]$$
$$= 9 \times \frac{1}{64} + 4 \times \frac{6}{64} + 1 \times \frac{15}{64} + 0 \times \frac{20}{64} + 1 \times \frac{15}{64} + 4 \times \frac{6}{64} + 9 \times \frac{1}{64}$$
$$= \frac{96}{64} = 1.5$$

- 定理4.1の公式による方法：$\boxed{\text{分散} = 2 \text{乗の平均} - \text{平均の} 2 \text{乗}}$ である.

X^2 の期待値 $E[X^2]$ は
$$0^2 \times \frac{1}{64} + 1^2 \times \frac{6}{64} + 2^2 \times \frac{15}{64} + 3^2 \times \frac{20}{64} + 4^2 \times \frac{15}{64} + 5^2 \times \frac{6}{64} + 6^2 \times \frac{1}{64}$$
$$= \frac{672}{64} = 10.5$$

だから, 分散 $V[X] = E[X^2] - (E[X])^2 = 10.5 - 3^2 = 10.5 - 9 = 1.5$ となる.

∎

例題5.1の X の期待値と分散について,
$$E[X] = 6 \times \frac{1}{2}, \quad V[X] = 6 \times \frac{1}{2} \times \frac{1}{2}$$
となっている. 一般に,

定理 5.2 2項分布 $B(n,p)$ に従う確率変数 X の期待値と分散は, $q = 1 - p$ とすると

期待値　$E[X] = np$,　分散　$V[X] = npq$.

証明　$X_i\,(i = 1, 2, \cdots, n)$ を, 確率 p で値1をとり, 確率 $q = 1 - p$ で値0をとる互いに独立な確率変数とすると, $X = X_1 + X_2 + \cdots + X_n$ と表すことができる

(「$X_i = 1$」は，「i 回目のベルヌイ試行で成功する」という意味である)．定理 5.1 により，$i = 1, 2, \cdots, n$ に対して $E[X_i] = p$, $V[X_i] = pq$. したがって，定理 4.3 により
$$E[X] = \sum_{i=1}^{n} E[X_i] = np.$$
また，X_i が互いに独立であることから，定理 4.8 により
$$V[X] = \sum_{i=1}^{n} V[X_i] = npq.$$ ∎

もう 1 つ，2 項定理を利用する証明も紹介しておく (後の定理 9.4 を参照)．

証明 2 項定理 (定理 3.9) により，$(x+y)^n = \sum_{k=0}^{n} {}_n\mathrm{C}_k\, x^k y^{n-k}$. この式の両辺を x で偏微分し，x を掛けると
$$n(x+y)^{n-1} = \sum_{k=0}^{n} k\, {}_n\mathrm{C}_k\, x^{k-1} y^{n-k}, \tag{5.2}$$
$$nx(x+y)^{n-1} = \sum_{k=0}^{n} k\, {}_n\mathrm{C}_k\, x^k y^{n-k}.$$
$x = p, y = 1-p$ を代入すると
$$np = \sum_{k=0}^{n} k\, {}_n\mathrm{C}_k\, p^k (1-p)^{n-k} = E[X].$$
次に，(5.2) の両辺を x で偏微分し，x^2 を掛けると
$$n(n-1)x^2(x+y)^{n-2} = \sum_{k=0}^{n} k(k-1)\, {}_n\mathrm{C}_k\, x^k y^{n-k}$$
となるから，$x = p, y = 1-p$ を代入すると
$$n(n-1)p^2 = \sum_{k=0}^{n} k(k-1)\, {}_n\mathrm{C}_k\, p^k (1-p)^{n-k} = E[X^2] - E[X].$$
定理 4.1 により，
$$V[X] = E[X^2] - (E[X])^2 = \{(E[X^2] - E[X]) + E[X]\} - (E[X])^2$$
$$= \{n(n-1)p^2 + np\} - (np)^2 = -np^2 + np = np(1-p).$$ ∎

問 5.1 2 項係数 ${}_4\mathrm{C}_0$, ${}_4\mathrm{C}_1$, ${}_4\mathrm{C}_2$, ${}_4\mathrm{C}_3$, ${}_4\mathrm{C}_4$ を計算し，2 項分布 $B\left(4, \dfrac{1}{2}\right)$ と $B\left(4, \dfrac{1}{3}\right)$ を書き下せ．

問 5.2 同じ条件のもとで硬貨を 4 回投げるモデルにおいて確率変数 X を次のように定める．
$$X = k \iff \text{4 回投げたうちで，表がちょうど } k \text{ 回現れる}$$

(1) 硬貨を 4 回投げるモデルの標本空間を表せ (基本事象は 16 個ある)．また，$X = 0, 1, 2, 3, 4$ となる事象を，それぞれ基本事象を用いて表せ．

(2) X の分布を計算し，それが 2 項分布 $B\left(4, \frac{1}{2}\right)$ であることを確かめよ．

(3) X の期待値と分散を計算し，定理 5.2 の結果を確認せよ．

問 5.3 正しいさいころを 5 回投げるとき，3 の倍数の目が出る回数を X とする．次の問に答えよ．

(1) $P(X = k)$ を求めよ．　　(2) X の確率分布の表を作れ．

(3) (2) の表から X の期待値 $E[X]$ を計算し，定理 5.2 の結果を確認せよ．

§ 5.2　2 項分布から正規分布へ

■ 2 項分布のグラフ ■　2 項分布 $B(n, p)$ のグラフは，試行回数 n を増やすとどのように変化するだろうか？

例 5.2　硬貨を n 回投げたときに表が S_n 回出るとする．

このとき，S_n は 2 項分布 $B\left(n, \frac{1}{2}\right)$ に従う．期待値 $E[S_n] = \dfrac{n}{2}$，分散 $V[S_n] = \dfrac{n}{4}$ である．試行回数 $n = 10, 30, 50, 100$ のときのグラフは右のようになる．

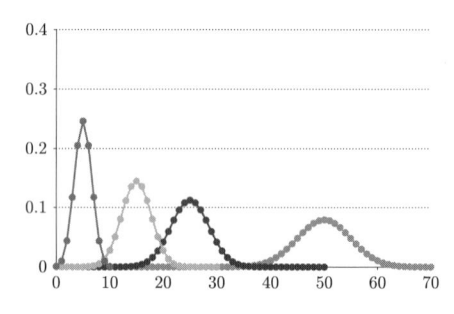

§5.2 2項分布から正規分布へ

例 5.3 さいころを n 回投げたときに 1 の目が S_n 回出るとする．

このとき，S_n は 2 項分布 $B\left(n, \dfrac{1}{6}\right)$ に従う．期待値 $E[S_n] = \dfrac{n}{6}$，分散 $V[S_n] = \dfrac{5n}{36}$ である．試行回数 $n = 12, 24, 48, 60$ のときのグラフは右のようになる．

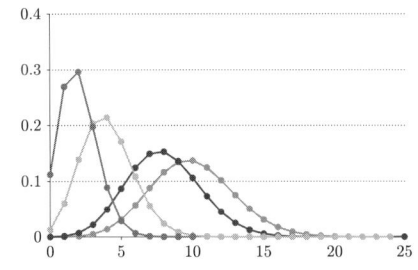

■**確率変数の標準化**　いくつかの確率変数を比較したり，確率分布を計算するときに，期待値，分散，標準偏差を標準的な値に合わせておくと便利である．そのためには，「期待値を引き，標準偏差で割る」という加工をするとよい．

定理 5.3　確率変数 X の期待値 $E[X] = \mu$，分散 $V[X] = \sigma^2$，標準偏差 $\sigma[X] = \sigma$ とする．新しい確率変数 Z を

$$Z = \frac{X - \mu}{\sigma} \tag{5.3}$$

と定めると，$E[Z] = 0, \quad V[Z] = \sigma[Z] = 1$．

証明　$Z = \dfrac{X}{\sigma} - \dfrac{\mu}{\sigma}$ だから，定理 4.2 と定理 4.4 により次のように計算される．
$$E[Z] = \frac{1}{\sigma}E[X] - \frac{\mu}{\sigma} = 0, \quad V[Z] = \frac{1}{\sigma^2}V[X] = 1, \quad \sigma[Z] = \sqrt{V[Z]} = 1. \quad \blacksquare$$

確率分布のグラフの横軸を X から Z に変えると横軸の目盛が $\dfrac{1}{\sigma}$ 倍になる．確率分布のグラフの全面積を 1 に保ちたいので，縦軸の数値を σ 倍しておく必要がある．

例 5.4　例 5.2 の，硬貨を n 回投げたときの表の回数 S_n の分布を比較すると左の図のようになる．また，例 5.3 の，さいころを n 回投げて 1 の目が出る回数 S_n の分布を比較すると右の図のようになる．

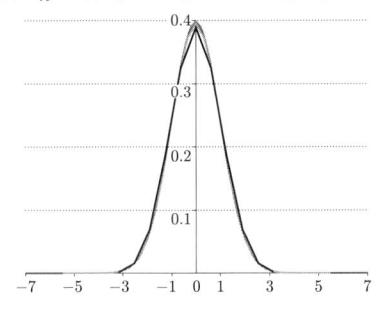

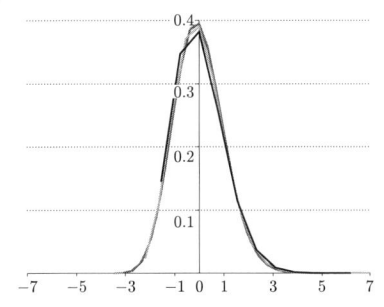

■中心極限定理■ さいころを 720 回投げるとき，1 の目がどれくらい現れるか考える．これは，確率モデルとして $n=720, p=\dfrac{1}{6}$ の 2 項分布をとればよいので，期待値と分散はそれぞれ

$$E[X] = 720 \times \frac{1}{6} = 120, \quad V[X] = 720 \times \frac{1}{6} \times \frac{5}{6} = 100$$

となる．期待値ちょうどの 120 回現れる確率は

$$_{720}C_{120}\left(\frac{1}{6}\right)^{120}\left(\frac{5}{6}\right)^{600} \fallingdotseq 0.0399$$

とさほど大きくないが[4]，$115 \leqq X \leqq 125$ のように，X の値がある範囲をとる確率を計算すれば，範囲を広げるにしたがって確率が 1 に近づき，ほとんどその範囲に収まることが予想される．さて，その範囲をどれくらい広げればよいだろうか？

以下，記号 $P(a \leqq X \leqq b)$ により，X の値が $a \leqq X \leqq b$ となる確率を表すことにする．確率変数 X の分布が 2 項分布 $B(n,p)$ とする．すなわち

$$P(X=k) = {_nC_k}\, p^k q^{n-k}.$$

このとき，大きな n と

$$a \leqq \frac{X-np}{\sqrt{npq}} \leqq b \quad \Leftrightarrow \quad np + a\sqrt{npq} \leqq k \leqq np + b\sqrt{npq} \qquad (5.4)$$

を満たす k についてラプラス[5] の公式

$$_nC_k\, p^k q^{n-k} \sim \frac{1}{\sqrt{2\pi npq}} e^{-(k-np)^2/(2npq)} \qquad (5.5)$$

が成り立つ．ラプラスの公式において

$$\pi = 3.14159\cdots : \text{円周率}, \quad e = 2.71828\cdots : \text{オイラーの数}$$

が現れるのが興味深い．

$n \to \infty$ のとき

$$P\left(a \leqq \frac{X-np}{\sqrt{npq}} \leqq b\right) = \sum_{a \leqq \frac{k-np}{\sqrt{npq}} \leqq b} p_k$$

---

[4] ラプラスの公式 (5.5) を用いると，$_nC_{np}\, p^{np} q^{n-np} \sim \dfrac{1}{\sqrt{2\pi npq}}$.

[5] Pierre-Simon Laplace (1749–1827)：フランスの数学者．

$$\sim \sum_{a \leqq \frac{k-np}{\sqrt{npq}} \leqq b} \frac{1}{\sqrt{2\pi}} e^{-(k-np)^2/(2npq)} \frac{1}{\sqrt{npq}}$$

であり，$x = \dfrac{k-np}{\sqrt{npq}}$ とおくと，右辺は

$$\int_a^b \frac{1}{\sqrt{2\pi}} e^{-x^2/2}\, dx$$

を区分求積法で求める際の近似和であることがわかる．したがって，次の定理が得られた[6]．

定理 5.4 [ド・モアブル–ラプラスの中心極限定理 (central limit theorem)]
X が 2 項分布 $B(n,p)$ に従うとき，$-\infty < a < b < \infty$ に対して

$$\lim_{n \to \infty} P\left(a \leqq \frac{X-np}{\sqrt{npq}} \leqq b\right) = \int_a^b \frac{1}{\sqrt{2\pi}} e^{-x^2/2}\, dx. \tag{5.6}$$

ここで，関数

$$f(x) = \frac{1}{\sqrt{2\pi}} e^{-x^2/2} \tag{5.7}$$

を**標準正規分布の密度関数**という．また，積分値は，標準正規分布の密度関数のグラフ，x 軸，および $x = a, b$ で囲まれた図形の面積と考えておく．

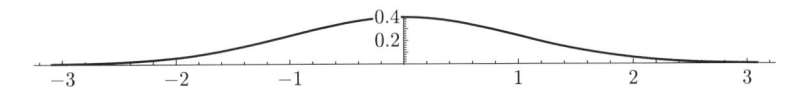

図 5.1 標準正規分布の密度関数のグラフ

以上の議論により，本節の最初に提示した問題「X の値の範囲をどれくらい広げればよいか？」については，範囲を (5.4) のようにとり，(5.6) の積分の値を知ることにより，その確率が計算できる．

---

[6] Abraham de Moivre (1667–1754)：フランスの数学者．

例 5.5

標準正規分布の密度関数 $y = \dfrac{1}{\sqrt{2\pi}} e^{-x^2/2}$ の値と，硬貨を 100 回投げたときの分布 $B\left(100, \dfrac{1}{2}\right)$ を標準化した値とを比較すると右のようになる．

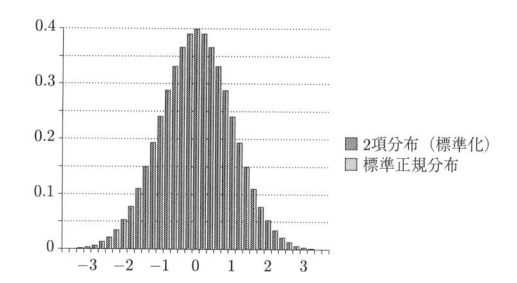

§5.3 正規分布

連続確率変数　変数 X が実数の値をとり，

$$f(x) \geqq 0, \quad \int_{-\infty}^{\infty} f(x)\,dx = 1$$

を満たす関数 $f(x)$ があって，X の値が $a \leqq X \leqq b$ となる確率 $P(a \leqq X \leqq b)$ が

$$P(a \leqq X \leqq b) = \int_a^b f(x)\,dx \quad [-\infty < a \leqq b < \infty]$$

と表されるとき，変数 X を**連続確率変数**といい，$f(x)$ を**確率密度関数**という．ここで，$f(x)$ の積分は，図のように x 軸，$y = f(x)$, $x = a, b$ で囲まれた図形の面積と考えればよい．

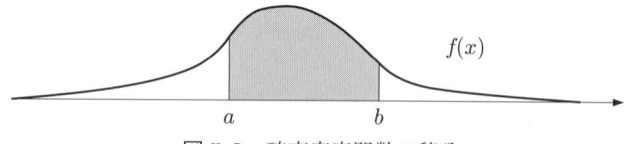

図 5.2　確率密度関数の積分

連続確率変数の期待値と分散は，それぞれ次のように表される．

$$E[X] = \int_{-\infty}^{\infty} x f(x)\,dx, \quad V[X] = \int_{-\infty}^{\infty} (x - E[X])^2 f(x)\,dx. \tag{5.8}$$

X の標準偏差は $\sigma[X] = \sqrt{V[X]}$ で定義される．

§5.3 正規分布

定理 5.5 $V[X] = E[X^2] - (E[X])^2$. ここで $E[X^2] = \displaystyle\int_{-\infty}^{\infty} x^2 f(x)\,dx$.

証明 $E[X] = \mu$ とおくと，
$$V[X] = \int_{-\infty}^{\infty} (x-\mu)^2 f(x)\,dx$$
$$= \int_{-\infty}^{\infty} (x^2 - 2x\mu + \mu^2) f(x)\,dx$$
$$= \int_{-\infty}^{\infty} x^2 f(x)\,dx - 2\mu \int_{-\infty}^{\infty} x f(x)\,dx + \mu^2 \int_{-\infty}^{\infty} f(x)\,dx$$
$$= E[X^2] - 2\mu^2 + \mu^2 = E[X^2] - \mu^2.$$

例 5.6 実数の値をとる確率変数 Z が
$$P(a \leqq Z \leqq b) = \int_a^b \frac{1}{\sqrt{2\pi}} e^{-x^2/2}\,dx$$
を満たすとき，**標準正規分布**に従うという．この分布を記号 $N(0,1)$ で表す．右辺の積分は既に (5.7) で現れていたものである．

$$\text{確率の合計} \quad \int_{-\infty}^{\infty} \frac{1}{\sqrt{2\pi}} e^{-x^2/2}\,dx = 1$$

が知られている．これを使うと
$$E[Z] = \int_{-\infty}^{\infty} x \cdot \frac{1}{\sqrt{2\pi}} e^{-x^2/2}\,dx = 0,$$
$$E[Z^2] = \int_{-\infty}^{\infty} x^2 \cdot \frac{1}{\sqrt{2\pi}} e^{-x^2/2}\,dx = 1$$
とわかり，
$$V[Z] = E[Z^2] - (E[Z])^2 = 1, \quad \sigma[Z] = \sqrt{V[Z]} = 1$$
となる．標準正規分布の特徴として，次のことを覚えておくとよい．
$P(-1 \leqq Z \leqq 1) \doteqdot 0.68,\ P(-2 \leqq Z \leqq 2) \doteqdot 0.95,\ P(-3 \leqq Z \leqq 3) \doteqdot 0.997.$

✎ 前節まで考えてきた確率変数は**離散確率変数**と呼ばれる[7]．離散確率変数は，各値を

---

[7] 確率変数のとり得る値が有限個であるか，無限個でも番号をつけて 1 列に並べることができる場合．

とる確率が正の値であったが，連続確率変数では，

$$P(X=a) = \int_a^a f(x)\,dx = 0$$

となるので，どんな実数 a についても，X の値がぴったり a となる確率は 0 と考える．

連続的な確率変数にも標本空間 Ω があって，確率変数は Ω の要素 ω の関数 $X(\omega)$ と考えられる．連続的な確率変数の標本空間を構成することは，数学者以外にはほとんど興味を持たれないが，私たちが連続的な確率変数を使う場合も，標本空間があるということは念頭に置くべきである．連続的な確率変数にも和や積が考えられるが，それらが考えられるのは，同じ標本空間で定義された確率変数についてであることを忘れてはならない．

■**正規分布**■　実数 μ と正数 σ の 2 つのパラメターをもつ確率密度関数

$$f(x) = \frac{1}{\sqrt{2\pi}\sigma} e^{-(x-\mu)^2/(2\sigma^2)} \quad (5.9)$$

を**正規分布の密度関数**という．$\mu = 0, \sigma = 1$ のときが標準正規分布の密度関数 (5.7) である．

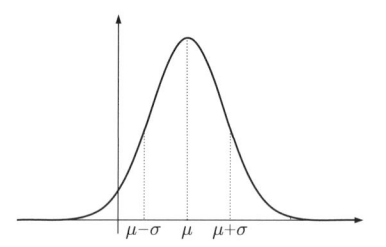

正規分布は**ガウス分布**とも呼ばれる[8]．

連続確率変数 X の確率密度関数が (5.9) であるとき，X は**正規分布** $N(\mu, \sigma^2)$ **に従う**という．このとき，(5.8) で定義された X の期待値と分散は，それぞれ μ と σ^2 であることが，積分を実際に計算することによりわかる．

■**正規分布に従う確率変数の 1 次式**■　X の期待値が μ で分散が σ^2 のとき，$Y = aX + b$ の期待値と分散は

$$E[Y] = aE[X] + b = a\mu + b, \quad V[Y] = a^2 V[X] = a^2\sigma^2$$

に変わる．X が 2 項分布に従っても Y が 2 項分布に従うとは限らないが，X が正規分布に従うときは Y も正規分布に従うという重要な性質がある．

定理 5.6　X が正規分布 $N(\mu, \sigma^2)$ に従うとき，$aX + b$ は正規分布 $N(a\mu + b, (a\sigma)^2)$ に従う．特に，$Z = \dfrac{X - \mu}{\sigma}$ の分布は標準正規分布 $N(0, 1)$ である．

---

[8] Johann Carl Friedrich Gauss (1777–1855)：ドイツの数学・天文学・物理学者．

§5.3 正規分布

証明 $-X$ は正規分布 $N(-\mu, \sigma^2)$ に従うから，$a > 0$ の場合を考えれば十分である．

$$P(aX + b \leqq t) = P\left(X \leqq \frac{t-b}{a}\right)$$
$$= \int_{-\infty}^{(t-b)/a} \frac{1}{\sqrt{2\pi\sigma^2}} e^{-(x-\mu)^2/(2\sigma^2)} dx$$

$x = (y - b)/a$ とおくと

$$= \int_{-\infty}^{t} \frac{1}{\sqrt{2\pi\sigma^2}} e^{-(y-b-a\mu)^2/(2a^2\sigma^2)} \frac{dy}{a}$$
$$= \int_{-\infty}^{t} \frac{1}{\sqrt{2\pi(a\sigma)^2}} e^{-\{y-(a\mu+b)\}^2/\{2(a\sigma)^2\}} dy.$$

例 5.7 X が正規分布 $N(2, 3)$ に従うとき，$-3X + 1$ も正規分布に従うが，平均，分散は

$$E[-3X + 1] = -3E[X] + 1 = -3 \cdot 2 + 1 = -5,$$
$$V[-3X + 1] = (-3)^2 V[X] = 9 \cdot 3 = 27$$

に変わる．つまり，$-3X + 1$ は正規分布 $N(-5, 27)$ に従う．

問 5.4 X が $N(4, 36)$ に従うとき，次の確率変数 Y はどのような確率分布に従うか．
  (1)　$Y = X + 2$　　(2)　$Y = -3X + 4$
  (3)　$Y = \dfrac{-X + 2}{4}$　　(4)　$Y = \dfrac{X - 4}{6}$

■ 2 項分布・正規分布の再生性 ■　成功確率 p のベルヌイ試行を $(n_1 + n_2)$ 回行なうとき，最初の n_1 回における成功回数を X_1 回，続く n_2 回における成功回数を X_2 回とすると，X_1 と X_2 は独立でそれぞれ 2 項分布 $B(n_1, p)$, $B(n_2, p)$ に従う．このとき，$X_1 + X_2$ は $(n_1 + n_2)$ 回全体での成功回数を表すから 2 項分布 $B(n_1 + n_2, p)$ に従う．まとめると，

定理 5.7 [2 項分布の再生性]　X_1 は 2 項分布 $B(n_1, p)$ に従い，X_2 は 2 項分布 $B(n_2, p)$ に従うとする．X_1, X_2 が独立ならば，$X_1 + X_2$ は 2 項分布 $B(n_1 + n_2, p)$ に従う．

独立で正規分布に従う確率変数の和に関しても似た性質が成り立つことを見よう．分布の計算のために，まず次のことを確かめておく．

定理 5.8　X, Y は独立で，確率密度関数がそれぞれ $f(x), g(y)$ であるとすると，$X+Y$ の確率密度関数 $h(z)$ は

$$h(z) = \int_{-\infty}^{\infty} f(x)g(z-x)\,dx$$

によって求められる．

証明　X, Y は独立だから，

$$P(X+Y<z) = \iint_{\{(x,y)\,;\,x+y<z\}} f(x)g(y)\,dxdy$$

と計算される．x は $-\infty$ から ∞ を動き，y はそれに応じて $-\infty$ から $z-x$ まで動けると考えると，

$$P(X+Y<z) = \int_{-\infty}^{\infty} \left(\int_{-\infty}^{z-x} f(x)g(y)\,dy \right) dx.$$

よって，

$$h(z) = \frac{\partial}{\partial z} P(X+Y<z)$$
$$= \int_{-\infty}^{\infty} \left(\frac{\partial}{\partial z} \int_{-\infty}^{z-x} f(x)g(y)\,dy \right) dx = \int_{-\infty}^{\infty} f(x)g(z-x)\,dx. \blacksquare$$

次に述べる正規分布の再生性は，確率・統計において重要な役割を果たす．

定理 5.9 [正規分布の再生性]　X は正規分布 $N(\mu_1, \sigma_1^2)$ に従い，Y は正規分布 $N(\mu_2, \sigma_2^2)$ に従うとする．X, Y が独立ならば，$X+Y$ は正規分布 $N(\mu_1+\mu_2, \sigma_1^2+\sigma_2^2)$ に従う．

証明　$X+Y = (X-\mu_1) + (Y-\mu_2) + (\mu_1+\mu_2)$ と考えると，定理 5.6 から次を証明すればよいことがわかる．X が正規分布 $N(0, \sigma_1^2)$ に従い，Y は正規分布 $N(0, \sigma_2^2)$ に従うとき，X, Y が独立ならば，$X+Y$ は正規分布 $N(0, \sigma_1^2+\sigma_2^2)$ に従う．

$$X \text{ の確率密度関数}\quad f(x) = \frac{1}{\sqrt{2\pi\sigma_1^2}} \exp\left(-\frac{x^2}{2\sigma_1^2}\right),$$

$$Y \text{ の確率密度関数}\quad g(y) = \frac{1}{\sqrt{2\pi\sigma_2^2}} \exp\left(-\frac{y^2}{2\sigma_2^2}\right)$$

とすると，

$$f(x)g(z-x) = \frac{1}{\sqrt{2\pi\sigma_1^2}} \exp\left(-\frac{x^2}{2\sigma_1^2}\right) \cdot \frac{1}{\sqrt{2\pi\sigma_2^2}} \exp\left(-\frac{(z-x)^2}{2\sigma_2^2}\right)$$

$$= \frac{1}{2\pi\sqrt{\sigma_1{}^2\sigma_2{}^2}} \exp\left\{-\frac{1}{2}\left(\frac{x^2}{\sigma_1{}^2} + \frac{(z-x)^2}{\sigma_2{}^2}\right)\right\}$$

であり，

$$\begin{aligned}
\frac{x^2}{\sigma_1{}^2} + \frac{(z-x)^2}{\sigma_2{}^2} &= \left(\frac{1}{\sigma_1{}^2} + \frac{1}{\sigma_2{}^2}\right)x^2 - \frac{2}{\sigma_2{}^2}xz + \frac{1}{\sigma_2{}^2}z^2 \\
&= \frac{\sigma_1{}^2+\sigma_2{}^2}{\sigma_1{}^2\sigma_2{}^2}\left(x^2 - \frac{2\sigma_1{}^2}{\sigma_1{}^2+\sigma_2{}^2}xz\right) + \frac{1}{\sigma_2{}^2}z^2 \\
&= \frac{\sigma_1{}^2+\sigma_2{}^2}{\sigma_1{}^2\sigma_2{}^2}\left(x - \frac{\sigma_1{}^2}{\sigma_1{}^2+\sigma_2{}^2}z\right)^2 - \frac{1}{\sigma_2{}^2}\frac{\sigma_1{}^2}{\sigma_1{}^2+\sigma_2{}^2}z^2 + \frac{1}{\sigma_2{}^2}z^2 \\
&= \frac{\sigma_1{}^2+\sigma_2{}^2}{\sigma_1{}^2\sigma_2{}^2}\left(x - \frac{\sigma_1{}^2}{\sigma_1{}^2+\sigma_2{}^2}z\right)^2 + \frac{1}{\sigma_1{}^2+\sigma_2{}^2}z^2
\end{aligned}$$

と変形すると，$X+Y$ の確率密度関数 $h(z)$ は

$$\int_{-\infty}^{\infty} \frac{1}{2\pi\sqrt{\sigma_1{}^2\sigma_2{}^2}} \exp\left[-\frac{1}{2}\left\{\frac{\sigma_1{}^2+\sigma_2{}^2}{\sigma_1{}^2\sigma_2{}^2}\left(x - \frac{\sigma_1{}^2}{\sigma_1{}^2+\sigma_2{}^2}z\right)^2 + \frac{1}{\sigma_1{}^2+\sigma_2{}^2}z^2\right\}\right] dx$$

$$= \frac{1}{\sqrt{2\pi(\sigma_1{}^2+\sigma_2{}^2)}} \exp\left(-\frac{z^2}{2(\sigma_1{}^2+\sigma_2{}^2)}\right)$$

$$\times \sqrt{\frac{\sigma_1{}^2+\sigma_2{}^2}{2\pi\sigma_1{}^2\sigma_2{}^2}} \int_{-\infty}^{\infty} \exp\left[-\frac{1}{2}\left\{\frac{\sigma_1{}^2+\sigma_2{}^2}{\sigma_1{}^2\sigma_2{}^2}\left(x - \frac{\sigma_1{}^2}{\sigma_1{}^2+\sigma_2{}^2}z\right)^2\right\}\right] dx$$

この式の後半は，正規分布 $N\left(\dfrac{\sigma_1{}^2}{\sigma_1{}^2+\sigma_2{}^2}z,\ \dfrac{\sigma_1{}^2\sigma_2{}^2}{\sigma_1{}^2+\sigma_2{}^2}\right)$ の全確率だから 1 である． ∎

§ 5.4 正規分布に関する計算

確率変数 Z が標準正規分布に従うとき，Z に関する確率は

$$P(a \leqq Z \leqq b) = \int_a^b \frac{1}{\sqrt{2\pi}} e^{-x^2/2} dx$$

という定積分で表される．しかし，残念ながら

$$\int \frac{1}{\sqrt{2\pi}} e^{-x^2/2} dx$$

という不定積分がうまく式で表せないので，特別な場合を除いて積分計算を実行することはできない．以下では，正規分布表を使って標準正規分布に関する確率を計算する方法を説明し，他の正規分布の確率の計算や 2 項分布の確率の

近似計算に応用できることを示そう．

■**正規分布表の使い方**■　正規分布表には
$$I(z) = \frac{1}{\sqrt{2\pi}} \int_0^z e^{-x^2/2}\,dx$$
の値が書かれている．たとえば $I(0.23)$ の値を知りたいとき，

z	0.00	0.01	0.02	0.03	$\cdots$
0.0				↓	
0.1				↓	
0.2	→	→	→	**0.0910**	
$\vdots$					

と読んで，$I(0.23) = 0.0910$ とわかる．Z が標準正規分布 $N(0,1)$ に従うとき，
$$P(a \leqq Z \leqq b) = I(b) - I(a)$$
と計算する．ただし，$I(-z) = -I(z)$ と解釈する．また，$I(\infty) = 0.5$ と考えると便利である．

例題 5.2　確率変数 Z が標準正規分布 $N(0,1)$ に従うとき，正規分布表を用いて次の確率を求めよ．

(1)　$P(0 \leqq Z \leqq 0.23)$　　(2)　$P(-0.23 \leqq Z \leqq 0)$

(3)　$P(0.18 \leqq Z \leqq 0.23)$　　(4)　$P(-0.18 \leqq Z \leqq 0.23)$

(5)　$P(0.23 \leqq Z)$　　(6)　$P(Z \leqq 0.18)$

解答　正規分布表より $I(0) = 0.0000, I(0.23) = 0.0910, I(0.18) = 0.0714$ である．

(1)　$P(0 \leqq Z \leqq 0.23) = I(0.23) - I(0) = 0.0910 - 0.0000 = 0.0910$

(2)　$P(-0.23 \leqq Z \leqq 0) = I(0) - I(-0.23) = I(0) + I(0.23) = 0.0000 + 0.0910 = 0.0910$

(3)　$P(0.18 \leqq Z \leqq 0.23) = I(0.23) - I(0.18) = 0.0910 - 0.0714 = 0.0196$

(4)　$P(-0.18 \leqq Z \leqq 0.23) = I(0.23) - I(-0.18) = I(0.23) + I(0.18) = 0.0910 + 0.0714 = 0.1624$

(5)　$P(0.23 \leqq Z) = P(0.23 \leqq Z < \infty) = I(\infty) - I(0.23) = 0.5 - 0.0910 = 0.4090$

(6)　$P(Z \leqq 0.18) = P(-\infty < Z \leqq 0.18) = I(0.18) - I(-\infty) = I(0.18) + I(\infty) = 0.0714 + 0.5 = 0.5714$

問 5.5　確率変数 Z が標準正規分布 $N(0,1)$ に従うとき，正規分布表を用いて，次の

確率を計算せよ．
(1) $P(0.22 \leqq Z \leqq 1.67)$ (2) $P(-0.8 \leqq Z \leqq 1.2)$
(3) $P(0.6 \leqq Z \leqq 1.7)$ (4) $P(-0.52 \leqq Z \leqq 1.54)$
(5) $P(1.06 \leqq Z)$ (6) $P(Z \leqq 1.53)$

■**正規分布に関する確率計算**■　X が平均 μ，分散 σ^2(標準偏差が σ) の正規分布 $N(\mu, \sigma^2)$ に従うとき，

$$Z = \frac{X - \mu}{\sigma}$$

は平均 0，分散 1(標準偏差も 1) の標準正規分布 $N(0,1)$ に従う (定理 5.6)．

例題 5.3　確率変数 X が正規分布 $N(2, 25)$ に従うとき，$P(-0.5 \leqq X \leqq 4.5)$ を求めよ．

解答　$Z = \dfrac{X-2}{\sqrt{25}} = \dfrac{X-2}{5}$ は標準正規分布に従うから，

$$\begin{aligned}
P(-0.5 \leqq X \leqq 4.5) &= P\left(\frac{-0.5-\mathbf{2}}{\mathbf{5}} \leqq \frac{X-\mathbf{2}}{\mathbf{5}} \leqq \frac{4.5-\mathbf{2}}{\mathbf{5}}\right) \\
&= P(-0.5 \leqq Z \leqq 0.5) \\
&= I(0.5) - I(-0.5) = I(0.5) + I(0.5) \\
&= 0.1915 \times 2 = 0.3830
\end{aligned}$$

問 5.6　確率変数 X が正規分布 $N(10, 4^2)$ に従うとき，正規分布表を用いて，次の確率を計算せよ．
(1) $P(7.2 \leqq X \leqq 14.8)$ (2) $P(10.6 \leqq X \leqq 15.8)$

例題 5.4　ある数学の地方試験において，受験者 12,000 人の点数は，平均 55 点，標準偏差 16 点の正規分布に従うという．このとき，点数が 75 点から 85 点の受験者はおよそ何人いると考えられるか．

解答　点数を X とおくと，X は正規分布 $N(55, 16^2)$ に従う．ここで，$Z = \dfrac{X-55}{16}$

とおくと，Z は標準正規分布に従うので
$$\frac{75-55}{16} = 1.25, \quad \frac{85-55}{16} = 1.875.$$
したがって[9]
$$P(75 \leqq X \leqq 85) = P(1.25 \leqq Z \leqq 1.875)$$
$$= 0.4696 - 0.3944 = 0.0752.$$
$12,000 \times 0.0752 = 902.4$ なので，およそ 902 人と考えられる．

問 5.7 例題 5.4 で，90 点を超えた受験者はおよそ何人いると考えられるか．

§5.5　2 項分布の確率の正規近似による計算

確率変数 S_n が 2 項分布 $B(n,p)$ に従うとき，

　　　　平均　$E[S_n] = np$,　　分散　$V[S_n] = npq$　　$(q = 1 - p)$

だが，n が十分大きいとき，ド・モアブル–ラプラスの中心極限定理 (定理 5.4) により，S_n の分布は，

　　　　平均が np で分散が npq の正規分布 $N(np, npq)$

で近似できる．

定理 5.10　2 項分布 $B(n,p)$ は，n が十分に大きいとき正規分布 $N(np, npq)$ で近似される．ただし，$q = 1 - p$.

例 5.8　さいころを 60 回投げたとき 1 の目が出る回数を X とすると，X は 2 項分布 $B\left(60, \dfrac{1}{6}\right)$ に従う．
$$E[X] = 60 \times \frac{1}{6} = 10, \quad V[X] = 60 \times \frac{1}{6} \times \frac{5}{6} = \frac{50}{6}$$
だから，X は近似的に正規分布 $N\left(10, \dfrac{50}{6}\right)$ に従う．

問 5.8　次の μ, σ^2 の値を求めよ．
X が $B(150, 0.3)$ に従うとき，X は近似的に $N(\mu, \sigma^2)$ に従うと考えてよい．

---

[9] $I(1.87) = 0.4693, I(1.88) = 0.4699$ より算術平均をとる．

§5.5 2項分布の確率の正規近似による計算

例題 5.5 硬貨を 100 回投げるとき，表が出る回数を X とする．正規分布による近似を用いて，$P(43 \leq X \leq 52)$ の値を計算せよ．

解答 X は 2 項分布 $B\left(100, \dfrac{1}{2}\right)$ に従う．

$$E[X] = 100 \times \frac{1}{2} = 50, \quad V[X] = 100 \times \frac{1}{2} \times \left(1 - \frac{1}{2}\right) = 25$$

だから，定理 5.10 により，X は近似的に正規分布 $N(50, 25)$ に従うと考えてよい．$Z = \dfrac{X - 50}{5}$ は標準正規分布 $N(0, 1)$ に従う．離散的な 2 項分布と連続な正規分布との違いを考慮に入れて，X の区間を左右に 0.5 ずつ広げる**半整数補正**を行うと，求める確率の近似値は

$$P(42.5 \leq X \leq 52.5) = P\left(\frac{42.5 - 50}{5} \leq \frac{X - 50}{5} \leq \frac{52.5 - 50}{5}\right)$$

$$= P(-1.5 \leq Z \leq 0.5)$$

$$= I(0.5) - I(-1.5) = I(0.5) + I(1.5)$$

$$= 0.1915 + 0.4332 = 0.6247.$$

✎ コンピュータにより数値計算を行うと $P(43 \leq X \leq 52) \fallingdotseq 0.6247$ が得られる．一方，正規近似において半整数補正をしなければ

$$P(43 \leq X \leq 52) = P(-1.4 \leq Z \leq 0.4) = 0.5746$$

となってしまう．

問 5.9 硬貨を 100 回投げるとき，表が出る回数を X とする．確率 $P(46 \leq X \leq 54)$ の値を正規近似を使って求めたい．次の空欄を埋めよ．

(1) X の分布は [　　　] 分布 $B($ [　　] , [　　] $)$ である．

(2) 期待値 $E[X] =$ [　　]，分散 $V[X] =$ [　　] である．

(3) 「試行回数 100 回」は十分多いから，X の分布は近似的に [　　　] 分布 $N($ [　　] , [　　] $)$ に従う．

(4) 標準化により，$Z = \dfrac{X - \boxed{}}{\boxed{}}$ は近似的に標準正規分布 $N($ [　　] , [　　] $)$ に従う．

(5) 確率 $P(46 \leq X \leq 54)$ の値を計算するとき，半整数補正を行なって計算する方が誤差が小さい．すると，$P(46 \leq X \leq 54)$ の値の近似値は

$$P(\boxed{} \leq X \leq \boxed{})$$

$$= P(\boxed{} \leqq Z \leqq \boxed{}) \quad [標準化]$$
$$= \boxed{} \quad [正規分布表より]$$

例題 5.6 1つのさいころを 720 回投げるとき，1 の目が 145 回以上出る確率を求めよ．

解答 1 の目が出る回数を X とすると，X は 2 項分布 $B\left(720, \dfrac{1}{6}\right)$ に従う．よって
$$E[X] = 720 \times \frac{1}{6} = 120, \quad V[X] = 720 \times \frac{1}{6} \times \frac{5}{6} = 100$$
となるので，X は近似的に正規分布 $N(120, 10^2)$ に従う．ここで，$Z = \dfrac{X - 120}{10}$ とおくと，Z は標準正規分布に従う．半整数補正を行うことにすると，$\dfrac{144.5 - 120}{10} = 2.45$ より，$P(X \geqq 145)$ の近似値は
$$P(X \geqq 144.5) = P(Z \geqq 2.45)$$
$$= I(\infty) - I(2.45) = 0.5 - 0.4929 = 0.0071$$
となる．よって，約 0.7% である．

問 5.10 1 個のさいころを 720 回投げるとき，1 の目が 110 回から 130 回出る確率を求めよ．

試行回数 n が十分に大きいとき，2 項分布の計算は正規分布を用いるとよい．このとき，n がどれくらい大きければ「十分に大きいとき」といえるのだろうか．

Z が標準正規分布に従うとき $P(|Z| \geqq 3.0) = 0.0026 \ (0.26\%)$ と十分に小さい．そこで，$X = 0$ のとき $Z \leqq -3.0$，かつ $X = n$ のときには $Z \geqq 3.0$ となるのは
$$\frac{0 - np}{\sqrt{npq}} \leqq -3.0 \quad \text{かつ} \quad \frac{n - np}{\sqrt{npq}} \geqq 3.0.$$
ゆえに
$$n \geqq \frac{3^2 q}{p} \quad \text{かつ} \quad n \geqq \frac{3^2 p}{q}.$$
1 個のさいころを投げる場合は $p = \dfrac{1}{6}$ だから $n \geqq 45$ となり，45 回以上ならば「十分大きい」といえる．

6

標本調査

§ 6.1 標本調査

この章では，§ 1.1 で述べた標本調査について詳しく調べよう．

▋**標本調査**▋ まず用語を整理しておく．

母集団 (population) 調査の対象となる集団全体．
標本 (sample) 調査のために取り出された要素のあつまり．
標本の大きさ (sample size) 標本に含まれる要素の個数．
抽出 (sampling) 母集団から標本を取り出すこと．
 無作為抽出 (random sampling) 母集団のどの要素も標本として抽出される確率が等しい場合．
 復元抽出 母集団から 1 つの要素を取り出したら元に戻し，あらためて次の 1 つの要素を取り出すということをくり返す場合．
 非復元抽出 母集団から標本の要素を一度に取り出す場合．

これ以後，母集団が十分に大きく，非復元抽出と復元抽出とはほぼ等しいと考えて，標本はすべて無作為復元抽出により得られたものとする[1]．

▋**母集団特性値と標本統計量**▋ 母集団の要素が全部で n_0 あり，調査の対象となる量 (データ) が

$$\omega_1, \omega_2, \cdots, \omega_{n_0}$$

であるとする．母集団の全数調査が可能ならば，**母平均** (population mean) は

$$\frac{\omega_1 + \omega_2 + \cdots + \omega_{n_0}}{n_0} \quad (= \mu \text{ とおく}),$$

---

[1] こうして得られた標本は**任意標本**といわれる．

母分散 (population variance) は

$$\frac{(\omega_1 - \mu)^2 + (\omega_2 - \mu)^2 + \cdots + (\omega_{n_0} - \mu)^2}{n_0} \quad (= \sigma^2 \text{ とおく})$$

によって計算できる．また，母分散の平方根 σ を**母標準偏差** (population standard deviation) という．これら 3 つの値は**母集団特性値**といわれるものの代表例である．

次に，標本調査について考える．無作為抽出ということは，母集団の要素 ω_j が標本として抽出される確率が

$$\frac{1}{n_0}$$

ということである．したがって，確率 $\frac{1}{n_0}$ ずつで $\omega_1, \omega_2, \cdots, \omega_{n_0}$ のいずれかの値をとる確率変数 X は，1 回の無作為抽出により得られる標本を表すと考えられる．X の期待値と分散は

$$E[X] = \omega_1 \cdot \frac{1}{n_0} + \omega_2 \cdot \frac{1}{n_0} + \cdots + \omega_{n_0} \cdot \frac{1}{n_0} = \mu,$$

$$V[X] = (\omega_1 - E[X])^2 \cdot \frac{1}{n_0} + (\omega_2 - E[X])^2 \cdot \frac{1}{n_0} + \cdots + (\omega_{n_0} - E[X])^2 \cdot \frac{1}{n_0}$$
$$= \sigma^2$$

となり，それぞれ母平均，母分散と一致する．X は確率変数だから X の分布が定まり，それを**母集団分布**という．しかし，標本調査を行う立場からはこの分布がどのようなものであるかは未知である．

1 回の標本抽出では，期待値こそ母平均 μ に一致するものの，その実現値から何かを判断するのは難しいであろう．無作為復元抽出により大きさ n の標本を得ることの確率モデルとして，X と同じ確率分布をもち，互いに独立な n 個の確率変数

$$X_1, X_2, \cdots, X_n$$

を考える[2]．ここで

X_1 : 1 回目に取り出す値

X_2 : 2 回目に取り出す値

---

[2] 「確率変数 X の独立なコピー」といわれることがある．

$$\vdots$$

$X_n : n$ 回目に取り出す値

であり，大きさ n の標本データ

$$x_1, x_2, \cdots, x_n$$

はそれらの**実現値**と考える．抽出されたデータの平均値は

$$\overline{x} = \frac{x_1 + x_2 + \cdots + x_n}{n}. \tag{6.1}$$

これは，確率変数

$$\overline{X} = \frac{X_1 + X_2 + \cdots + X_n}{n} \tag{6.2}$$

の実現値である．この $\overline{X}$ を**標本平均** (sample mean) という．後に，標本分散，標本標準偏差が定義されるが，このように，標本に対して定義された標本平均，標本分散，標本標準偏差は，すべて確率変数である．これらの確率変数を**標本統計量**という．

> 得られたデータの平均や標準偏差を計算したり，データを加工したりするだけが統計処理ではない．母集団と標本を区別し，調査の対象になる量を確率変数と考えることが，近代的な統計学の始まりであった．

例 6.1 大きさ $n_0 = 5$ の母集団があり，そのデータが $1, 4, 5, 4, 6$ であるとすると，

母平均 $\quad \dfrac{1+4+5+4+6}{5} = 4,$

母分散 $\quad \dfrac{(1-4)^2 + (4-4)^2 + (5-4)^2 + (4-4)^2 + (6-4)^2}{5} = 2.8.$

この母集団から (大きさ 1) の標本を無作為抽出することの確率モデルは，

Ω	ω_1	ω_2	ω_3	ω_4	ω_5
X	1	4	5	4	6
確率	$\dfrac{1}{5}$	$\dfrac{1}{5}$	$\dfrac{1}{5}$	$\dfrac{1}{5}$	$\dfrac{1}{5}$

を満たす確率変数 X である．X の期待値，分散はそれぞれ母平均，母分散に

一致する．この X の確率分布は

X	1	4	5	6
確率	$\frac{1}{5}$	$\frac{2}{5}$	$\frac{1}{5}$	$\frac{1}{5}$

であり，これを母集団分布と考えることができる．推定をする立場からは，ここまで出てきた数値や分布は未知であることに注意する．

以上をまとめると

統計の用語	確率の用語
母集団	標本空間 Ω
母集団の要素	基本事象 ω
無作為抽出	基本事象が同様に確からしい
調査の対象になる量	確率変数 X
母集団分布	X の分布
母平均 μ	X の期待値 $E[X]$
母分散 σ^2	X の分散 $V[X]$
母標準偏差 σ	X の標準偏差 $\sigma[X] = \sqrt{V[X]}$
抽出された n 個のデータ	独立で同分布な n 個の確率変数の実現値

§ 6.2　標本統計量

母平均が μ で母分散が σ^2 (母標準偏差が σ) である母集団を考える．この母集団から無作為に大きさ n の標本をとる標本調査の確率モデルは，独立で同じ分布をもつ n 個の確率変数

$$X_1, X_2, \cdots, X_n$$

であり，どの $i = 1, 2, \cdots, n$ についても

$$期待値\ E[X_i] = \mu, \quad 分散\ V[X_i] = \sigma^2$$

である．

■標本平均の期待値と分散■　標本平均 $\overline{X}$ を (6.2) のように定めると，定理

4.2, 4.3 と定理 4.8 より，確率変数 $\overline{X}$ の期待値と分散は

$$E[\overline{X}] = E\Big[\frac{X_1 + X_2 + \cdots + X_n}{n}\Big]$$

$$= \frac{1}{n}\{E[X_1] + E[X_2] + \cdots + E[X_n]\}$$

$$= \frac{1}{n}(\mu + \mu + \cdots + \mu) = \mu,$$

$$V[\overline{X}] = V\Big[\frac{X_1 + X_2 + \cdots + X_n}{n}\Big]$$

$$= \frac{1}{n^2}\{V[X_1] + V[X_2] + \cdots + V[X_n]\}$$

$$= \frac{1}{n^2}(\sigma^2 + \sigma^2 + \cdots + \sigma^2) = \frac{\sigma^2}{n}.$$

定理としてまとめると，

定理 6.1 母平均 μ, 母標準偏差 σ の母集団から，大きさ n の標本を無作為復元抽出するとき，標本平均 $\overline{X}$ の期待値 $E[\overline{X}]$ と標準偏差 $\sigma[\overline{X}]$ は

$$E[\overline{X}] = \mu, \quad \sigma[\overline{X}] = \frac{\sigma}{\sqrt{n}}. \tag{6.3}$$

母集団の分布が不明でも，標本平均の分布の「中心」は母平均にあることがわかった．また，$n \to \infty$ とすると標本平均 $\overline{X}$ の分散は 0 に収束するので，大きな標本をとれば標本平均は母平均に極めて近いと考えられる．

■**標本分散と標本標準偏差**■　標本分散 (sample variance) S^2 を

$$S^2 = \frac{(X_1 - \overline{X})^2 + (X_2 - \overline{X})^2 + \cdots + (X_n - \overline{X})^2}{n}$$

と定義しておく．**標本標準偏差** (sample standard deviation) は $S = \sqrt{S^2}$ と定義される．定理 1.1 と同じ計算により

$$S^2 = \frac{1}{n}\sum_{j=1}^{n} X_j^2 - \overline{X}^2.$$

また，

$$E[X_j^2] = V[X_j] + (E[X_j])^2 = \sigma^2 + \mu^2,$$

$$E[\overline{X}^2] = V[\overline{X}] + \left(E[\overline{X}]\right)^2 = \frac{\sigma^2}{n} + \mu^2$$

だから，標本分散 S^2 の期待値は

$$E[S^2] = \frac{1}{n}\sum_{j=1}^{n} E[X_j^2] - E[\overline{X}^2]$$

$$= \frac{1}{n}\sum_{j=1}^{n}(\sigma^2 + \mu^2) - \left(\frac{\sigma^2}{n} + \mu^2\right)$$

$$= \sigma^2 + \mu^2 - \frac{\sigma^2}{n} - \mu^2 = \frac{n-1}{n}\sigma^2.$$

たとえ母平均 $\mu = 0$ であったとしても $E[\overline{X}^2] = 0$ とはならないので，S^2 の期待値は σ^2 より小さく出てくるのである．

■**不偏標本分散と不偏標本標準偏差**■　そこで，**不偏標本分散** (unbiased sample variance) U^2 が次のように定義される．

$$U^2 = \frac{n}{n-1}S^2$$

$$= \frac{(X_1 - \overline{X})^2 + (X_2 - \overline{X})^2 + \cdots + (X_n - \overline{X})^2}{n-1} \tag{6.4}$$

分子を n で割るのではなく，$n-1$ で割るのである．あるいは，

$$(\text{不偏標本分散}) = (\text{標本分散}) \times \frac{(\text{標本の大きさ})}{(\text{標本の大きさ}) - 1}$$

と考えてもよい．**不偏標本標準偏差** (sample standard deviation) は $U = \sqrt{U^2}$ と定義される．以上をまとめると

定理 6.2 [不偏標本分散の不偏性]　不偏標本分散 U^2 を (6.4) のように定義すると

$$E[U^2] = \sigma^2$$

が成立する．

大きさ n の標本データ $x : x_1, x_2, \cdots, x_n$ から，不偏標本分散の実現値 $u^2(x)$

は，(6.4) と同様に
$$u^2(x) = \frac{n}{n-1}s^2(x) = \frac{(x_1-\overline{x})^2 + (x_2-\overline{x})^2 + \cdots + (x_n-\overline{x})^2}{n-1}$$
$$= \frac{1}{n-1}\sum_{j=1}^{n}(x_j-\overline{x})^2$$

によって計算される．

問 6.1 次の体重の標本データ x より，標本分散 $s^2(x)$ と不偏標本分散 $u^2(x)$ を計算して比較せよ．

$$83.2 \quad 62.6 \quad 55.0 \quad 65.4 \quad 59.8$$

§6.3 大数の法則と中心極限定理

■チェビシェフの不等式■ 確率変数 X は $X(\omega_j) = x_j\,(j=1,\cdots,n)$ を満たすとする．期待値 $E[X] = \mu$ とおくと，分散の定義より

$$V[X] = (x_1-\mu)^2 p(\omega_1) + (x_2-\mu)^2 p(\omega_2) + \cdots + (x_n-\mu)^2 p(\omega_n)$$
$$= \sum_{j=1}^{n}(x_j-\mu)^2 p(\omega_j)$$
$$\geqq c^2 \sum_{(x_j-\mu)^2 \geqq c^2} p(\omega_j) \quad \left((x_j-\mu)^2 \geqq c^2 \text{ を満たす } \omega_j \text{ についての和}\right)$$
$$= c^2 P((X-\mu)^2 \geqq c^2) = c^2 P(|X-\mu| \geqq c).$$

したがって，次の定理 (チェビシェフ[3] の不等式) を得る．

定理 6.3 [チェビシェフの不等式] 確率変数 X の期待値を μ，分散を σ^2 と表すとき

$$P(|X-\mu| \geqq c) \leqq \frac{\sigma^2}{c^2}.$$

✎ X が連続確率変数の場合も，チェビシェフの不等式は同じ考え方で証明できる．X の確率密度関数を $f(x)$ とすると，
$$V[X] = \int_{-\infty}^{+\infty}(x-\mu)^2 f(x)\,dx$$

---
[3] Pafnuty Lvovich Tchebycheff (Chebyshev) (1821–1894)：ロシアの数学者．

$$\geqq \int_{|x-\mu|\geqq c} (x-\mu)^2 f(x)\, dx$$

$$\geqq c^2 \int_{|x-\mu|\geqq c} f(x)\, dx = c^2 P(|X-\mu| \geqq c).$$

✎ チェビシェフの不等式で $c = k\sigma$ とすると，

$$P(|X-\mu| \geqq k\sigma) \leqq \frac{1}{k^2}.$$

したがって，X の分布が何であっても，

$$P(|X-\mu| \geqq 3\sigma) \leqq \frac{1}{3^2} \fallingdotseq 0.111$$

が成り立つ．つまり，88% 以上の確率で X の値は区間 $[\mu-3\sigma, \mu+3\sigma]$ 内にあるといえる．なお，X が正規分布 $N(\mu,\sigma^2)$ に従うときは，$P(|X-\mu| \geqq 3\sigma) \fallingdotseq 0.003$ である．

■**大数の法則**■　確率変数 $X_1, X_2, \cdots, X_n$ は独立で，分布は等しいとする．このとき，各 X_j の平均と分散はそれぞれ等しく

$$\mu = E[X_1] = E[X_2] = \cdots, \quad \sigma^2 = V[X_1] = V[X_2] = \cdots$$

とおくと，定理 6.1 を導くのと同様の計算により

$$E\left[\frac{X_1+X_2+\cdots+X_n}{n}\right] = \mu, \quad V\left[\frac{X_1+X_2+\cdots+X_n}{n}\right] = \frac{\sigma^2}{n}.$$

したがって，チェビシェフの不等式より，任意の正数 ϵ に対して，

$$P\left(\left|\frac{X_1+X_2+\cdots+X_n}{n} - \mu\right| \geqq \epsilon\right) \leqq \frac{\sigma^2}{n\epsilon^2}.$$

定理 6.4 [大数の法則]　確率変数 $X_1, X_2, \cdots, X_n, \cdots$ は独立で，分布は等しいとする．このとき，

$$E[X_j] = \mu, \quad V[X_j] = \sigma^2 \quad (j=1,2,\cdots)$$

とすると

$$\lim_{n\to\infty} P\left(\left|\frac{X_1+X_2+\cdots+X_n}{n} - \mu\right| \geqq \epsilon\right) = 0.$$

この定理は

$$\lim_{n\to\infty} P\left(\left|\frac{X_1+X_2+\cdots+X_n}{n} - \mu\right| < \epsilon\right) = 1.$$

と表してもよく，大半の値は

$$(\mu - \epsilon)n < X_1 + X_2 + \cdots + X_n < (\mu + \epsilon)n$$

の範囲にあることになる．

■**中心極限定理**■　確率変数の列 $X_1, X_2, \cdots, X_n, \cdots$ において，各 X_j を成功確率 p のベルヌイ試行における確率変数とすると $X_1 + X_2 + \cdots + X_n$ の分布は2項分布である．したがって，ド・モアブル–ラプラスの定理を書き直すと

$$\lim_{n \to \infty} P\left(a \leqq \frac{X_1 + X_2 + \cdots + X_n - np}{\sqrt{npq}} \leqq b\right)$$

$$= \lim_{n \to \infty} P\left(a \leqq \frac{\frac{X_1 + X_2 + \cdots + X_n}{n} - p}{\sqrt{\frac{pq}{n}}} \leqq b\right) = \int_a^b \frac{1}{\sqrt{2\pi}} e^{-x^2/2} \, dx \quad (6.5)$$

となる $(q = 1 - p)$．これは，次の**中心極限定理** (central limit theorem) の特別な場合である．

定理 6.5 [中心極限定理]　確率変数 $X_1, X_2, \cdots, X_n, \cdots$ は独立で，分布は等しいとする．このとき，

$$E[X_j] = \mu, \quad V[X_j] = \sigma^2 \quad (j = 1, 2, \cdots)$$

とすると

$$\lim_{n \to \infty} P\left(a \leqq \frac{X_1 + X_2 + \cdots + X_n - n\mu}{\sqrt{n}\sigma} \leqq b\right)$$

$$= \lim_{n \to \infty} P\left(a \leqq \frac{\frac{X_1 + X_2 + \cdots + X_n}{n} - \mu}{\frac{\sigma}{\sqrt{n}}} \leqq b\right) = \int_a^b \frac{1}{\sqrt{2\pi}} e^{-x^2/2} \, dx \quad (6.6)$$

が成立する．

この定理は確率論のなかで最も重要な定理のひとつで，また，統計学を応用するうえでも，たいへん重要な定理である．

確率変数 $X_1, X_2, \cdots, X_n, \cdots$ は独立で，分布が等しいので $X_1 + X_2 + \cdots + X_n$ の平均は $n\mu$，分散は $n\sigma^2$，標準偏差は $\sqrt{n}\sigma$ となる．したがって，確率変数の標準化を

$$Z_n = \frac{X_1 + X_2 + \cdots + X_n - n\mu}{\sqrt{n}\sigma}$$

とおくと，中心極限定理は

$$\lim_{n \to \infty} P(a \leqq Z_n \leqq b) = \int_a^b \frac{1}{\sqrt{2\pi}} e^{-x^2/2} \, dx \tag{6.7}$$

が成立することを意味する．

■ビュフォンの針■　乱数を用いた計算を何度も行うことにより積分等の数値を求める手法は**モンテカルロ法** (Monte Carlo method) と呼ばれている[4]．ビュフォン[5]が針を投げる実験により円周率の計算を行ったのが，モンテカルロ法を用いた計算の最も古い記録である (1777 年出版)．

例題 6.1　平面に等間隔で平行線が引かれている．いま，その間隔を 4 とする．この平面の上に，長さ 2 の針を落とす．このとき，針が平行線のどれかと交わる確率を求めよ．

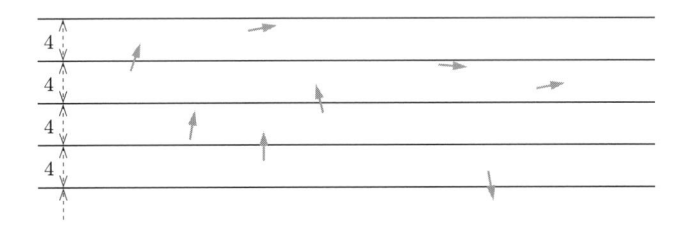

解答　針の中点の位置と，針の向きに着目する．針の中点に一番近い直線に注目すればよい．上下・左右の対称性を考えに入れて，針の中点が線分 AB 上に落ち，針の先が上を向いている場合を調べれば十分である．

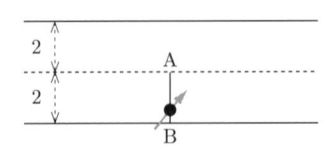

---

[4] ハンガリー出身の数学者 John von Neumann (1903–1957) による．カジノで知られるモナコ公国のモンテカルロ区にちなむ．
[5] Georges-Louis Leclerc, Comte de Buffon (1707–1788)：フランスの数学者・植物学者・博物学者．

x と θ を下図のように測ると，$0 \leqq x \leqq 2, 0 \leqq \theta \leqq \pi$ の範囲にある．

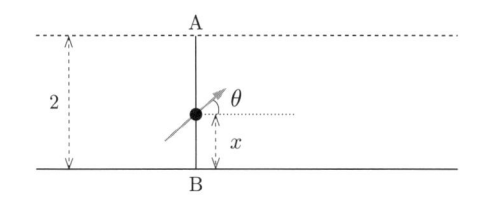

$0 \leqq \theta \leqq \pi$ を満たす角度 θ を固定すると，針が直線と交わるのは $0 \leqq x \leqq \sin\theta$ の場合である．

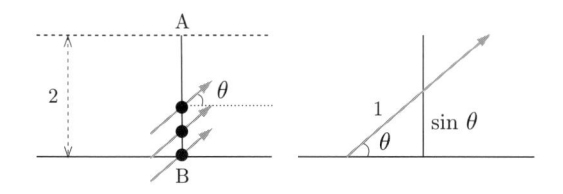

(x, θ) の組を図示したとき，針が直線と交わることに相当するのは斜線部分の (x, θ) である．

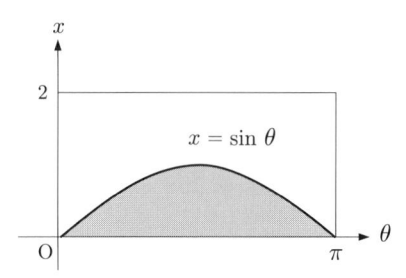

よって，針が平行線のどれかと交わる確率は

$$\frac{\int_0^\pi \sin\theta\, d\theta}{2 \times \pi} = \frac{2}{2\pi} = \frac{1}{\pi}$$

と計算される．

問 6.2 例題 6.1 において，平行線の間隔が a で針の長さが ℓ の場合に，針が平行線のどれかと交わる確率を求めよ．ただし，$\ell < a$ とする．

7 区間推定

§7.1 推定の考え方

ある地方の 200 万台のテレビのなかから，無作為抽出で 500 台を選び，番組 X が視聴されているかどうか調べたところ，35 台で視聴されていた．この地方の番組 X の視聴率はどれくらいと推定できるだろうか．

■**点推定**■　選んだ 500 台については視聴率が $35 \div 500 = 0.07$, すなわち 7%なので，「この地方の視聴率は 7%であろう」と考えることができる．このように，1 つの値で推定しようとすることを**点推定**という．

■**区間推定**■　点推定ではどの程度確かな結論が得られたかはわからない．

「この地方の視聴率は 0%から 100%の範囲である」

といえば確実であるが，これでは実際問題として役立たない．そこで，ここまでに学んだ確率論を使い，ある程度までは『誤り』を許して

「信頼度 **%で，この地方の視聴率は **% ～ **%の範囲内である」

という判断ができれば役に立つ結論を引き出すことができる．これが次に紹介する**区間推定**の考え方である．

200 万台のテレビのなかから任意の 1 台を選んだとき，そのテレビで番組 X が視聴されている確率 p が視聴率と考えられる．また，無作為に 500 台を選んだとき，その 1 つひとつで番組 X が視聴されているかどうかは独立と考えてよい．500 台のテレビのうち，番組 X が視聴されている台数を X とおくと，X は 2 項分布 $B(500, p)$ に従う確率変数である．したがって，X の期待値 μ と標準偏差 σ は

$$\mu = 500p, \quad \sigma = \sqrt{500p(1-p)}$$

となる．ここで，この2項分布を正規分布で近似し，標準化された確率変数
$$Z = \frac{X - 500p}{\sqrt{500p(1-p)}}$$
を用いると，Zは標準正規分布$N(0,1)$に従うと考えてよい．巻末の表より
$$P(|Z| \leqq 1.96) = P(-1.96 \leqq Z \leqq 1.96) = 0.95.$$
すなわち，$-1.96 \leqq Z \leqq 1.96$が95%の確率で成立する．Xになおすと
$$-1.96\sqrt{500p(1-p)} \leqq X - 500p \leqq 1.96\sqrt{500p(1-p)}$$
が成立する確率が95%ということである．

このことは，200万台のテレビのなかから，無作為抽出で500台を選び，番組Xを視聴されているかどうか調べるという調査を100回行えば，そのうちのおよそ95回について，視聴されているテレビの数はその範囲に入ることを示す．したがって，上記の調査数35もその範囲に入り
$$-1.96\sqrt{500p(1-p)} \leqq 35 - 500p \leqq 1.96\sqrt{500p(1-p)} \tag{7.1}$$
が成立すると考えられる．(7.1)の辺々を500で割ると
$$-1.96\sqrt{\frac{p(1-p)}{500}} \leqq \frac{35}{500} - p \leqq 1.96\sqrt{\frac{p(1-p)}{500}}.$$
これを
$$\left|\frac{35}{500} - p\right| \leqq 1.96\sqrt{\frac{p(1-p)}{500}}$$
と考えて両辺を2乗すると
$$\left(\frac{35}{500} - p\right)^2 \leqq 1.96^2 \times \frac{p(1-p)}{500}.$$
これは2次不等式
$$1.0076832p^2 - 0.1476832p + 0.0049 \leqq 0$$
となり，不等式(7.1)の解は
$$0.0507078 \leqq p \leqq 0.0957985.$$
すなわち，5.0%から9.6%の間と推測される．

上で用いたのは $P(\mu - 2\sigma \leqq X \leqq \mu + 2\sigma) \approx 0.95$ ということであった．ある程度多数の実験・調査を行って中心極限定理が適用できる場合は，正規分布で近似することで

- 平均 ± 標準偏差 の範囲に約 68%
- 平均 ± 標準偏差 × 2 の範囲に約 95%　[2 シグマ範囲]
- 平均 ± 標準偏差 × 3 の範囲に約 99.7% [3 シグマ範囲]

と判断してよいことがわかる[1]．

ここで，2 つの用語を準備する．上記のように，視聴率のような母集団特性値がどのような範囲にあるかを推定する方法を**区間推定** (interval estimation) といい，その範囲を**信頼区間** (confidence interval) という．また，特性値がその範囲の値をとるという結論が正しい確率 95%を**信頼度**または**信頼係数** (confidence coefficient) という．

信頼区間を求める際，四捨五入によって区間が狭まると信頼度が下がるおそれがある．それを避けるために．

下は切り下げ，上は切り上げる

という工夫をする．

§ 7.2　母比率の推定

母集団の中である特徴 A をもつものの比率 (**母比率**) が p であるとする．大きさ n の標本において，特徴 A をもつ標本の数を r とするとき，$\bar{p} = \dfrac{r}{n}$ を**標本比率**という．

■**母比率の点推定**■　母比率 p の母集団から大きさ n の標本をとったとき，X 個の標本が特徴 A をもつとすると，X の分布は 2 項分布 $B(n, p)$ に従う．標本比率 $\bar{p} = \dfrac{X}{n}$ だから

$$E[\bar{p}] = \frac{E[X]}{n} = p, \quad V[\bar{p}] = \frac{V[X]}{n^2} = \frac{p(1-p)}{n} \left(\leqq \frac{1}{4n}\right)$$

である．

---

[1] 99.7% といえば，間違うことは 1000 回中 3 回程度となる．本当のことを千回に三回ほどしか言わないうそつきの人を「千三つ」と呼ぶことがある．

§7.2 母比率の推定

定理 7.1 以下の 2 つの観点から，標本比率は母比率を点推定するのにふさわしい統計量である．

- **不偏性**：標本比率 $\bar{p}$ の期待値は母比率 p に等しい．このことを，「標本比率は母比率の**不偏推定量**である」という．
- **一致性**：$n \to \infty$ のとき，標本比率 $\bar{p}$ の分散は 0 に収束するから，標本比率 $\bar{p}$ が母比率 p からはずれる確率も 0 に収束する．このことを，「標本比率は母比率の**一致推定量**である」という．

例題 7.1 ある駅の前で「昨日の夜 7 時の NHK ニュースを見ましたか？」というアンケートを実施したところ，131 人中 25 人が「見ました」と答えた．『昨日の夜 7 時の NHK ニュース』の視聴率を点推定せよ．

解答 母比率の不偏推定量・一致推定量である標本比率 $\dfrac{25}{131} = 0.1908\cdots$ を用いて『昨日の夜 7 時の NHK ニュース』の視聴率を点推定すると約 19.1% となる． ∎

母比率の区間推定 (大標本の場合)

大きさ n の標本のうちで，r 個について事象 A が起こったとき，母集団のなかで事象 A が起こる割合 p を信頼度 95% で区間推定する方法を考える．$\bar{p} = \dfrac{r}{n}$ と表す．

n が十分大きいとき，X は近似的に正規分布 $N(np, np(1-p))$ に従うと考えてよい．したがって，標本比率 $\bar{p}$ は近似的に正規分布 $N\left(p, \dfrac{p(1-p)}{n}\right)$ に従うと考えてよく，標準化された確率変数

$$Z = \frac{\bar{p} - p}{\sqrt{\dfrac{p(1-p)}{n}}}$$

は標準正規分布 $N(0,1)$ に従う．§7.1 と同様にして，

$$(\bar{p} - p)^2 < 1.96^2 \times \frac{p(1-p)}{n}$$

という 2 次不等式から，信頼区間は

$$\frac{\bar{p} + \frac{1.96^2}{2n} - \frac{1.96}{\sqrt{n}}\sqrt{\bar{p}(1-\bar{p}) + \frac{1.96^2}{4n}}}{1 + \frac{1.96^2}{n}} \leqq p \leqq \frac{\bar{p} + \frac{1.96^2}{2n} + \frac{1.96}{\sqrt{n}}\sqrt{\bar{p}(1-\bar{p}) + \frac{1.96^2}{4n}}}{1 + \frac{1.96^2}{n}}.$$

(7.2)

$\dfrac{1.96}{\sqrt{n}}$ と $\dfrac{1.96^2}{n}$ はいずれも $n \to \infty$ で 0 に収束するが，$\dfrac{1.96^2}{n}$ の方がより小さくなりやすい．そこで，n が十分大きいとき (7.2) において $\dfrac{1.96^2}{n}$ を 0 で置き換えると，この式は簡単になる．

定理 7.2 n は十分大きいとする．大きさ n の標本のうちで，r 個について事象 A が起こったとき，母集団のなかで事象 A が起こる割合 p を信頼度 95% で区間推定をすると，信頼区間は

$$\overline{p} - 1.96\sqrt{\dfrac{\overline{p}(1-\overline{p})}{n}} \leqq p \leqq \overline{p} + 1.96\sqrt{\dfrac{\overline{p}(1-\overline{p})}{n}}. \tag{7.3}$$

ここで $\overline{p} = \dfrac{r}{n}$ と表した．

✎ 信頼度を上げ 99% で区間推定するには，(7.3) の 1.96 を 2.58 に置き換える．また，信頼度 90% で区間推定するならば，1.65 に置き換える．このように，信頼度を上げれば範囲が広がり，下げれば範囲が狭まる．

✎ §7.1 の例では $n = 500, r = 35$ であり，$\dfrac{1.96^2}{500} = 0.0076832$ と十分に小さいと考えられる．(7.3) に $n = 500, \overline{p} = 0.07$ を代入して，視聴率を推定すると

$$0.0476355 \leqq p \leqq 0.0923645.$$

すなわち，4.7% から 9.3% の間と推測される．厳密式とは 0.3% ほど異なる[2]．

不等式 (7.3) は，$\dfrac{1.96^2}{n}$ を 0 とおいて得られたが，n が大きいとき $\overline{p} \fallingdotseq p$ だから，$\overline{p}$ の分散 $\dfrac{p(1-p)}{n}$ を $\dfrac{\overline{p}(1-\overline{p})}{n}$ と置き換えて計算したものと考えてもよい．このように，標本の大きさ n が十分に大きいとき，標本の値から計算された分散を用いて区間推定をすることを**大標本論** (large sample theory) という．

例題 7.2 ある大学の学生のなかから 150 名を選んで調べたところ，自宅から通学している学生が 90 名いた．この大学では何%の学生が自宅から通学しているか．信頼度 95% で推定せよ．

解答 $n = 150, r = 90, \overline{p} = \dfrac{90}{150} = 0.6$ だから，定理 7.2 により，信頼度 95% で

---

[2] 比率としては 3.6% から 6.5% ほど異なる．

の信頼区間は

$$0.6 - 1.96\sqrt{\frac{0.6(1-0.6)}{150}} \leqq p \leqq 0.6 + 1.96\sqrt{\frac{0.6(1-0.6)}{150}},$$

すなわち,

$$0.5216 \leqq p \leqq 0.6784$$

となる.この大学では52%以上68%以下の学生が自宅から通学していると推定できる.

例題 7.3 600世帯を無作為に抽出して調査し,ある番組の視聴率を計算する.視聴率の真の値が

(1) 5%　(2) 10%　(3) 15%　(4) 20%

の各々の場合について,95%の信頼度で区間推定したとき,視聴率の真の値との誤差が最大で ± 何%程度になるかを求めよ.

解答 視聴率の真の値が p の場合に95%の信頼度で区間推定すると,誤差は最大で $\pm 1.96\sqrt{\dfrac{p(1-p)}{600}}$ である.

視聴率の真の値 p	0.05	0.10	0.15	0.20
誤差の最大値	±0.0174…	±0.0240…	±0.0285…	±0.0320…

よって,視聴率の真の値との誤差は,最大で

(1) ±1.7% 程度　(2) ±2.4% 程度　(3) ±2.9% 程度　(4) ±3.2% 程度

となる.

例題 7.4 n 人に調査をして,内閣支持率を区間推定する.以下の各々の場合について,95% 信頼区間の幅を 1% 以下にするには,n をどのぐらい大きくすればよいか.

(1) 内閣支持率が約 10%と考えられるとき.
(2) 内閣支持率が約 50%と考えられるとき.
(3) 内閣支持率の真の値の見当がまったくつかないとき.

解答 内閣支持率の真の値を p とするとき,

$$95\% \text{ 信頼区間の幅 } \quad 2 \times 1.96\sqrt{\frac{p(1-p)}{n}} \leqq 0.01$$

となればよい．この式を変形すると

$$\frac{2 \times 1.96}{0.01} \leq \sqrt{\frac{n}{p(1-p)}} \iff n \geq 392^2 p(1-p) = 153664 p(1-p)$$

となる．
(1) $p \fallingdotseq 0.1$ の場合，13830 人以上に調査をすればよい．
(2) $p \fallingdotseq 0.5$ である場合，38416 人以上に調査をすればよい．
(3) $p(1-p)$ が最大となるのは $p=0.5$ の場合だから，(2) より 38416 人以上に調査をすればよい．

問 7.1 ある地方のテレビ番組 Y の視聴率は 10% 程度と考えられている．この番組の視聴率を $\pm 1\%$ 以内で推定するには，およそ何台以上のテレビを抽出して調査すればよいか．

§ 7.3 平均値の推定

約 5000 人が受験した資格試験で，答案を無作為に 50 枚抽出して採点したところ，平均点は 45.4 点，標準偏差は 12.6 点であった．この資格試験の平均点について，ここまで学んだ確率論を使うとどのように推論されるのだろうか．§ 6.1 で学んだように，答案の点数は確率変数 X で，50 枚抽出して採点した答案の点数は，X と同分布で独立な 50 個の確率変数の実現値と考えられる．ここで，推定するのは母平均である．

■母平均の点推定■ 定理 6.1 は，以下の 2 つの観点から，標本平均は母平均を点推定するのにふさわしい統計量であることを示している．

- **不偏性**：標本平均 $\overline{X}$ の期待値は母平均 μ に等しい．そこで，

  標本平均は母平均の**不偏推定量**である

  という．

- **一致性**：$n \to \infty$ のとき，標本平均 $\overline{X}$ の分散は 0 に収束するから，

  $n \to \infty$ のとき，標本平均 $\overline{X}$ は母平均 μ に「収束する」

  と考えてよい[3]．そこで，

  標本平均は母平均の**一致推定量**である

---

[3] どのような意味で「収束する」かについて，詳しくは大数の法則について述べた § 6.3 を参照．

という．

■母平均の区間推定■ もし，母集団分布が正規分布であれば，定理 6.1 は分布まで特定される．正規分布に従う (と考えられる) 母集団を **正規母集団** と呼ぶ．正規母集団からの標本調査の確率モデルとして，同じ正規分布 $N(\mu, \sigma^2)$ に従う n 個の独立な確率変数 $X_1, X_2, \cdots, X_n$ を考える．このとき，正規分布の **再生性** (定理 5.9) から，和 $X_1 + X_2 + \cdots + X_n$ も正規分布となり，期待値は $n\mu$ で分散は $n\sigma^2$ である．定理 5.6 により，その 1 次関数である標本平均 $\overline{X} = \dfrac{1}{n}(X_1 + X_2 + \cdots + X_n)$ も正規分布に従うから，

定理 7.3 [正規母集団の標本平均] 母集団が，母平均 μ，母標準偏差 σ の正規分布 $N(\mu, \sigma^2)$ に従うとき，そこから，大きさ n の標本を無作為復元抽出すれば，標本平均 $\overline{X}$ は，平均 μ，標準偏差 $\dfrac{\sigma}{\sqrt{n}}$ の正規分布 $N\left(\mu, \dfrac{\sigma^2}{n}\right)$ に従う．

$$P\left(|\overline{X} - \mu| \leq \frac{a\sigma}{\sqrt{n}}\right) = \int_{-a}^{a} \frac{1}{\sqrt{2\pi}} e^{-x^2/2} \, dx.$$

標本の大きさ n が十分に大きければ，中心極限定理 (定理 6.5) により，母集団の分布が何であっても

$$\lim_{n \to \infty} P\left(|\overline{X} - \mu| \leq \frac{a\sigma}{\sqrt{n}}\right) = \int_{-a}^{a} \frac{1}{\sqrt{2\pi}} e^{-x^2/2} \, dx \tag{7.4}$$

が成立する．これらの定理を用いると

定理 7.4 [正規分布を用いた平均値の推定] 母集団から無作為に抽出した，大きさ n の標本平均値を m とする．母集団が正規分布にしたがうか，または n が十分に大きいとき，母平均 μ を信頼度 95% で区間推定をすると，信頼区間は

$$m - \frac{1.96\sigma}{\sqrt{n}} \leq \mu \leq m + \frac{1.96\sigma}{\sqrt{n}}. \tag{7.5}$$

ここで σ は母集団の標準偏差である．

証明 正規分布表より，いずれの場合も $P\left(|\overline{X} - \mu| \leq \dfrac{1.96\sigma}{\sqrt{n}}\right) = 0.95$ が成立すると考えてよい．ここで，標本平均値 m がこの範囲に入っているとすると

$$-\frac{1.96\sigma}{\sqrt{n}} \leq m - \mu \leq \frac{1.96\sigma}{\sqrt{n}}$$

が成立するので，不等式 (7.2) を得る.

この定理を用いて平均点を推測しようとすると，2つの問題が起こる．
1. 母集団は正規分布に従うか，または標本の大きさ 50 は十分に大きいといえるか．
2. 母集団の標準偏差が不明である．

1 について，資格試験の得点分布は，正規分布と考えてよい．標本の大きさ 50 は多いとも少ないともいえない．2 について，母集団の平均がわからないので，母集団の標準偏差がわかるはずはない[4]．しかし，十分大きな標本をとることができれば，比率の推定 (7.3) で行ったように，母集団標準偏差を標本の標準偏差[5] で代用する．

とにかく，標本の平均点は 45.4 点，標準偏差は 12.6 点として，信頼度 95% の区間推定の式 (7.5) に当てはめてみると

$$41.90 \leqq \mu \leqq 48.89$$

ということになる．

✎ 母集団分布が正規分布であることを仮定すると，次の小節で説明するゴセットの小標本論が適用可能である．標本標準偏差を 12.6 として，自由度 49 の t-分布を用いて大まかな計算をすると，信頼度 95% の区間推定は

$$41.81 \leqq \mu \leqq 48.98$$

となり上記と大差はない．この場合は，大標本論を適用してもよいということであろう．

以上のことを一般的にまとめると

定理 7.5 [大標本論] 母集団から無作為に抽出した，大きさ n の標本平均値を m とする．標本の大きさ n が十分に大きいとき，母平均 μ を信頼度 95% で区間推定をすると，信頼区間は

$$m - \frac{1.96\hat{\sigma}}{\sqrt{n}} \leqq \mu \leqq m + \frac{1.96\hat{\sigma}}{\sqrt{n}}. \tag{7.6}$$

---

[4] 毎年行われる身体計測のデータなどの場合，過去のデータの標準偏差を採用することもある．

[5] この場合，標本標準偏差 s を用いても，不偏標本標準偏差 u を用いても $u = \sqrt{\dfrac{n}{n-1}} s$ より大差はない．

ここで$\hat{\sigma}$は標本標準偏差sまたは不偏標本標準偏差uである．

式 (7.6) で定められた区間を信頼度 95%での**信頼区間** (confidence interval) という．

例題 7.5 ある農場で生産されている卵 100 個の重さを測ったら，平均が 65.8 g で標準偏差が 4.5 g であった．この農場の卵の重さの平均を，信頼度 95%で区間推定せよ．

解答 大標本と考えると，定理 7.5 の (7.6) 式より，信頼度 95%の信頼区間は
$$65.8 - \frac{1.96 \times 4.5}{\sqrt{100}} \leqq \mu \leqq 65.8 + \frac{1.96 \times 4.5}{\sqrt{100}}.$$
ゆえに，$64.9 \leqq \mu \leqq 66.7$. ∎

問 7.2 ある工場で生産されたパイプ 100 本について重さを測定したところ，平均 1082.4g, 標準偏差 68.2g であった．この工場の製品全体について，平均の重さを信頼度 95%で区間推定せよ．

■小標本論■ 標本が小さく，母集団の分散値を標本の分散値で置き換えられない場合については，ゴセット[6] の**小標本論** (small sample theory) がある．母集団が正規分布に従う場合に限られるが，非常に強力な方法である．

定理 7.6 正規分布 $N(\mu, \sigma^2)$ に従う母集団より抽出された，大きさ n の標本 $X_1, X_2, \cdots, X_n$ について，**スチューデント統計量**
$$t = \frac{\overline{X} - \mu}{U/\sqrt{n}} \tag{7.7}$$
は自由度 $(n-1)$ の t-分布に従う．

ここで，**自由度 n の t-分布**とは，確率密度関数が
$$s_n(x) = \frac{1}{\sqrt{n\pi}} \frac{\Gamma(\frac{n+1}{2})}{\Gamma(\frac{n}{2})} \left(1 + \frac{x^2}{n}\right)^{-(n+1)/2} \tag{7.8}$$

---

[6] William Sealy Gosset (1876–1937)：イングランド生まれの統計学者．ギネス社の技術者で，統計学を醸造と大麦の改良に用いた．企業秘密の理由で，実名ではなくペンネーム Student で論文を発表した．

で与えられる連続確率分布である．**ガンマ関数**は以下のように定義される．

$$\Gamma(s) = \int_0^\infty e^{-x} x^{s-1}\, dx. \tag{7.9}$$

確率密度関数 $y = s_n(x)$ のグラフは左右対称な単峰型で，標準正規分布より頂点が低く裾が広がっている．また，

$$\lim_{n \to \infty} s_n(x) = \frac{1}{\sqrt{2\pi}} e^{-x^2/2} \; : \; 標準正規分布.$$

定理 7.6 の証明は §9.4 で行う．

定理 7.7 [小標本論] 母集団から無作為に抽出した，大きさ n の標本平均値を m とする．自由度 $(n-1)$ の t-分布を用いて，母平均 μ を信頼度 95% で区間推定をすると，信頼区間は

$$m - \frac{cu}{\sqrt{n}} \leqq \mu \leqq m + \frac{cu}{\sqrt{n}}. \tag{7.10}$$

ここで u は不偏標本標準偏差であり，c は t が自由度 $(n-1)$ の t-分布に従うときに $P(-c < t < c) = 0.95$ となる値である．

例題 7.6 ある中学校で行われた 2009 年度全国学力・学習状況調査の中学校数学 B において，無作為に選んだ生徒 15 人について調査したところ，正答率の平均は 62.5%，不偏標本標準偏差は 10.5% であった．この中学校の正答率は正規分布をしていると仮定する．この中学校の正答率を信頼度 95% で区間推定せよ．

解答 自由度 14 の t-分布表より $c = 2.145$．したがって，信頼度 95% の信頼区間は

$$56.7 = 62.5 - 2.145 \times \frac{10.5}{\sqrt{15}} \leqq \mu \leqq 62.5 + 2.145 \times \frac{10.5}{\sqrt{15}} = 68.3.$$ ∎

問 7.3 あるスーパー・マーケットで選り好みしないで買った，1 パック 10 個の L サイズ卵の重さを測ったら，次のとおりであった．

　　　　65　64　66　67　67　63　68　65　64　64　　（単位：グラム）

このとき，以下の問いに答えよ．

(1) 卵の重さの標本平均，不偏標本分散，不偏標本標準偏差を計算せよ．

(2) このスーパー・マーケットで売っている L サイズ卵の重さの分布は正規分布であると考え，自由度 9 の t-分布を用いて，卵 1 個の重さの平均値を信頼度

95%で区間推定せよ．

問 7.4 2010 年において，N 市の 36 地点の地価の公示価格は，平均 48.0 万円，不偏標本標準偏差は 10.9 万円であった．自由度 35 の t-分布を用いて，N 市の地価の公示価格の平均値を信頼度 95%で区間推定せよ．また，正規分布を用いた結果と比較せよ．

8 仮説検定

§8.1 検定の考え方

「内閣支持率が50%」というニュースをきいて，本当は50%ではないのではないかと感じたとき，どう判断すればよいだろうか．最初から否定してしまってはどうしようもないので，百歩ゆずって「内閣支持率は50%である」という仮説 (Hypothesis) に従ってみよう．100人にアンケート調査して X 人が内閣を支持すると答えるとすると，この仮説のもとでは確率変数 X は2項分布 $B\left(100, \frac{1}{2}\right)$ に従う．§5.5で学んだ2項分布の正規近似を用いて計算すると，「100人にアンケート調査すると，『支持する』と答えるのは40人から60人」である確率が95%以上であるとわかる．では，実際にアンケート調査をしたとき，この範囲に入らない結果が出たらどう判断できるだろうか．

1. 本当に内閣支持率が50%なのだが，今回の調査では確率5%以下の珍しいことが起こった．
2. そもそも「内閣支持率は50%である」という仮説に無理がある．

本当は50%ではないのではないかと疑っている人にとっては，1. よりも 2. の方が自然に感じられるだろう．したがって，5%の危険率を許容できるなら，『内閣支持率は50%である』であるという仮説を捨て，『内閣支持率は50%でない』という仮説をとることができる．このように，確率分布の知識をもとにして，ある仮説を採択するか棄却するかの判断を行うことを**統計的仮説検定**という．

■**有意水準，危険率**■　硬貨を5回投げたところ，5回とも表が出たとする．この硬貨には『偏りがある』と考えてよいか？　という問題について考えてみよう．偏りがありそうだといきなり疑いをかけてもなかなか計算とは結びつかない．そこで百歩ゆずって，この硬貨には『偏りがない』，つまり，表の出る確

率も裏の出る確率も $\frac{1}{2}$ と仮定してみる．すると

$$\text{表が 5 回続けて出る確率} = \left(\frac{1}{2}\right)^5 = \frac{1}{32} \fallingdotseq 0.031$$

で，約 3.1% となる．よって，『偏りがある』という判断が誤りとなってしまうのは

　　　　本当は『偏りがない』のに表が 5 回出てしまったという場合

であり，その確率は約 3.1% である．判断を誤る確率が「小さい」と思えるなら (いいかえると，『偏りがない』という仮定のもとでは「珍しすぎる」ことが起こった，と思えるなら)，『偏りがない』という仮定に比べてもっともらしい，『偏りがある』という説をとるのがより自然であり，この硬貨は『偏っている』という判断を下すことができる．ここには数学ではなく価値観の問題が含まれている．そこで，誤る確率が「小さい」とか「珍しい」という基準 (**危険率**または**有意水準**という) を事前にはっきりさせておく必要がある．

▷ 有意水準を 5% に設定していた場合，

　　　『偏りがない』という仮説を棄却して，『偏りがある』と判断する．

▷ 有意水準を 1% に設定していた場合，

　　　　　　『偏りがない』という仮説は棄却できない．

(逆に，この時点では『偏りがない』とまでいいきることもできないことに注意されたい．)

■ 仮説検定の手順とポイント ■　　次の例題を検討しよう．

例題 8.1　硬貨を 10 回投げたら，表が 9 回出た．有意水準を 5% として，次の仮説を採択できるか検定せよ．

(1) この硬貨を投げて表の出る確率は $\frac{1}{2}$ ではない．

(2) この硬貨を投げて表の出る確率は $\frac{1}{2}$ より大きい．

解答　この硬貨を投げて表が出る確率を p で表す．
(1) 次の 2 つの仮説について考える．

- 捨てたい仮説 (**帰無仮説**という) は，$H:$「$p = \dfrac{1}{2}$ である」

- とりたい仮説 (**対立仮説**という) は，$H':$「$p \neq \dfrac{1}{2}$ である」

仮説 H が正しいと仮定した場合に比べ，

実験で表が出た回数が両極端である (少なすぎる，または，多すぎる)

と判断できるならば，仮説 H よりも仮説 H' の方をとるべきである (このことを**両側検定**という)．

百歩ゆずって，ひとまず仮説 H のもとで考える．偏りのない硬貨を無作為に 10 回投げたとき表が出る回数 X の確率分布は次のようである．

X	0	1	2	3	4	5	6	7	8	9	10
P	0.001	0.010	0.044	0.117	0.205	0.246	0.205	0.117	0.044	0.010	0.001

したがって，表が出る回数 X について次が成り立つ．

事象	確率 (%)
$X = 0$ または $X = 10$	0.2%
$X \leq 1$ または $X \geq 9$	2.2%
$X \leq 2$ または $X \geq 8$	11.0%
$X \leq 3$ または $X \geq 7$	34.4%

$X \leq 1$ または $X \geq 9$ という事象は，仮説 H のもとでは確率が 5% 以下の珍しい事象といえる．この範囲を仮説 H の有意水準 5% での**棄却域**という．

さて，10 回中 9 回表が出たという実験結果は棄却域に入っているから，仮説 H を棄却して，対立仮説 H' を採択すべきである．結論として

有意水準 5% で，「この硬貨の表の出る確率は $\dfrac{1}{2}$ ではない」と判断できる．

(2) 次の 2 つの仮説について考える．

- 帰無仮説は，$H:$「$p = \dfrac{1}{2}$ である」

- 対立仮説は，$H':$「$p > \dfrac{1}{2}$ である」

仮説 H が正しいと仮定したときに比べ，

実験で表が出た回数が多すぎる

と判断できるならば，仮説 H よりも仮説 H' の方をとるべきである (このことを**片側検定**という．いまは，表の出る回数の分布のグラフの右側に棄却域があるので**右側検定**ともいう)．

百歩ゆずって，ひとまず仮説 H のもとで考える．このとき，表が出る回数 X について，次が成り立つ．

事象	確率 (%)
$X = 10$	0.1%
$X \geq 9$	1.1%
$X \geq 8$	5.5%
$X \geq 7$	17.2%

$X \geq 9$ という事象は，仮説 H のもとでは確率が 5% 以下の珍しい事象といえる．この範囲が仮説 H の有意水準 5% での棄却域である．

さて，10 回中 9 回表が出たという実験結果は棄却域に入っているから，仮説 H を棄却して，仮説 H' を採択すべきである．結論として

有意水準 5% で，「この硬貨の表の出る確率は $\frac{1}{2}$ より大きい」と判断できる． ∎

§8.2 母比率の検定

例題 8.2 硬貨を 100 回投げたら，表が 60 回出た．この硬貨を投げて表の出る確率は $\frac{1}{2}$ より大きいと判断してよいか．有意水準を 1% として検定せよ．

解答 次の 2 つの仮説について考える．

- 帰無仮説は，H:「この硬貨を投げて表の出る確率は $\frac{1}{2}$ である」
- 対立仮説は，H':「この硬貨を投げて表の出る確率は $\frac{1}{2}$ より大きい」

ひとまず，仮説 H のもとで考えてみよう．偏りのない硬貨を無作為に 100 回投げたとき表が出る回数 X の確率分布は 2 項分布 $B\left(100, \frac{1}{2}\right)$ である．

X の期待値 $E[X] = 100 \times \frac{1}{2} = 50$, X の分散 $V[X] = 100 \times \frac{1}{2} \times \frac{1}{2} = 25$
だから，近似的に X は正規分布 $N(50, 25)$ に従うと考えられる (中心極限定理)．

$$Z = \frac{X - 50}{\sqrt{25}}$$

とおくと，Z は標準正規分布 $N(0,1)$ に従う．仮説 H が正しいと仮定した場合に比べ，実験で表が出た回数が多すぎると判断できるならば，仮説 H よりも仮説 H' の方をとるべきである．このためには

$$Z \text{ の実現値} = \frac{\text{表の回数の実現値} - 50}{\sqrt{25}}$$

の値が大きすぎるかどうかをみればよい．正規分布表から $P(Z \geq 2.326) = 0.01$ であることがわかるから，仮説 H の有意水準 1%での棄却域は $Z \geq 2.326$ である．ここで，
$$Z \text{ の実現値} = \frac{60-50}{\sqrt{25}} = 2$$
だから，仮説 H の有意水準 1%での棄却域に入らない．結論として

有意水準 1% で，「この硬貨は表が出やすい」とはいえない．

母比率が p で，標本のサイズ n が十分大きいとき，標本比率 $\overline{p}$ は，近似的に正規分布 $N\left(p, \dfrac{p(1-p)}{n}\right)$ に従う．このため，
$$Z = \frac{\overline{p} - p}{\sqrt{\dfrac{p(1-p)}{n}}}$$
は近似的に標準正規分布 $N(0,1)$ に従う．Z の実現値をみて $\overline{p}$ に関する仮説検定を行うことができる．この Z のような統計量を**検定統計量**という．この考え方で例題 8.2 を解いてみよう．

[解答] 硬貨を投げたとき表が出る確率の真の値を p で表し，次の 2 つの仮説について考える．

- 帰無仮説は，H:「$p = \dfrac{1}{2}$」
- 対立仮説は，H':「$p > \dfrac{1}{2}$」

ひとまず，仮説 H のもとで考えてみよう．偏りのない硬貨を無作為に 100 回投げたとき表が出る回数 X の確率分布は近似的に X は正規分布 $N(50, 25)$ に従うと考えられる (中心極限定理)．したがって，偏りのない硬貨を無作為に 100 回投げたとき表が出る割合 $\overline{p} = \dfrac{X}{100}$ は近似的に正規分布 $N\left(\dfrac{50}{100}, \dfrac{25}{100^2}\right) = N\left(\dfrac{1}{2}, \dfrac{1}{400}\right)$ に従う．
$$Z = \frac{\overline{p} - \frac{1}{2}}{\sqrt{\dfrac{1}{400}}} = 20\overline{p} - 10$$
とおくと，Z は標準正規分布 $N(0,1)$ に従う．仮説 H が正しいと仮定した場合に比べ，実験で表が出た割合が多すぎると判断できるならば，仮説 H よりも仮説 H' の方をとるべきである．このためには
$$Z \text{ の実現値} = 20 \times (\overline{p} \text{ の実現値}) - 10$$
の値が大きすぎるかどうかをみればよい．正規分布表から $P(Z \geq 2.326) = 0.01$ であることがわかるから，仮説 H の有意水準 1%での棄却域は $Z \geq 2.326$ である．ここで，
$$Z \text{ の実現値} = 20 \times \frac{60}{100} - 10 = 2$$

だから，仮説 H の有意水準 1% での棄却域に入らない．結論として

有意水準 1% で，「この硬貨は表が出やすい」とはいえない．

§8.3　母平均の検定

■ **母平均の検定 (正規母集団，母分散が既知)** ■　母集団が正規分布 $N(\mu, \sigma^2)$ に従うとき，大きさ n の標本の標本平均 m は，正規分布 $N\left(\mu, \dfrac{\sigma^2}{n}\right)$ に従う．したがって，$Z = \dfrac{m - \mu}{\frac{\sigma}{\sqrt{n}}}$ は標準正規分布 $N(0,1)$ に従う．母分散 σ^2 がわかっているとき，これを利用して母平均に関する検定を行うことができる．

> **例題 8.3**　あるメーカーの冷蔵庫の従来品は，使用中の音の大きさが平均 19 dB とされている．新製品から無作為に 8 台を取り出して調べたところ，使用中の音の大きさの標本平均は 18 dB であった．有意水準を 5% として，次の仮説を採択できるか検定せよ．ただし，使用中の音の大きさは正規分布に従い，母分散は $\sigma^2 = 2$ と仮定する．
> (1) 新製品の使用中の音の大きさは，従来品のそれと異なる．
> (2) 新製品は従来品より静かである．

解答　新製品の使用中の音の大きさの母平均を μ とする．
(1) 次の 2 つの仮説について考える．

- 帰無仮説は，H:「$\mu = 19$ である」
- 対立仮説は，H':「$\mu \neq 19$ である」

仮説 H のもとで，標本平均 m は正規分布 $N\left(19, \dfrac{2}{8}\right)$ に従う．対立仮説の形にも注目して，標準正規分布 $N(0,1)$ に従う検定統計量

$$Z = \frac{m - 19}{\sqrt{\frac{1}{4}}} = 2(m - 19)$$

を用いて両側検定を行う．正規分布表から $P(Z \leq -1.96 \text{ または } Z \geq 1.96) \fallingdotseq 0.05$ とわかるので，仮説 H の有意水準 5% での棄却域は

$$Z \leq -1.96 \text{ または } Z \geq 1.96$$

である．さて，

$$Z \text{ の実現値} = 2(18 - 19) = -2$$

は棄却域に入っているから，仮説 H を棄却して，対立仮説 H' を採択すべきである．結論として，有意水準 5% で

「新製品の使用中の音の大きさは，従来品のそれと異なる」

と判断できる．

(2) 次の 2 つの仮説について考える．

- 帰無仮説は，H:「$\mu = 19$ である」
- 対立仮説は，H':「$\mu < 19$ である」

仮説 H のもとで，標本平均 m は正規分布 $N\left(19, \dfrac{2}{8}\right)$ に従う．対立仮説の形にも注目して，標準正規分布 $N(0,1)$ に従う検定統計量

$$Z = \frac{m - 19}{\sqrt{\frac{1}{4}}} = 2(m - 19)$$

を用いて左側検定を行う．正規分布表から $P(Z \leqq -1.645) \fallingdotseq 0.05$ とわかるので，仮説 H の有意水準 5% での棄却域は

$$Z \leqq -1.645$$

である．さて，

$$Z \text{ の実現値} = 2(18 - 19) = -2$$

は棄却域に入っているから，仮説 H を棄却して，対立仮説 H' を採択すべきである．結論として，有意水準 5% で

「新製品は従来品より静かである」

と判断できる．

■**母平均の検定 (大標本)**■　母集団分布が未知の場合，また母分散が未知の場合にも，中心極限定理を応用した大標本論を用いることができる．母平均が μ で母分散が σ^2 のとき，大きさ n の標本における標本平均 m は，n が十分大きければ近似的に正規分布 $N\left(\mu, \dfrac{\sigma^2}{n}\right)$ に従う．よって，$Z = \dfrac{m - \mu}{\frac{\sigma}{\sqrt{n}}}$ は近似的に標準正規分布 $N(0,1)$ に従い，Z を検定統計量として母平均の検定を行うことができる．母分散 σ^2 がわからないときは，標本分散 s^2 あるいは不偏標本分散 u^2 を代わりに使う．

例題 8.4　ある薬品は，1 個の製品に含まれる不純物が 1.5 g 以下ならば合格とされる．ある工場の製品から無作為に 100 個の標本を抽出して不純物の量

を測定したところ,平均 1.7 g の不純物が含まれていた.また,この標本における不純物の量の標準偏差は 1 g であった.この工場の製品は合格といえるか.有意水準 5% で検定せよ.

解答 この工場の製品に含まれる不純物の母平均を μ とする.合格基準が 1.5 g までなのに対して,この工場の標本は平均で 1.7 g もの不純物を含んでいるから,『合格である』(1.5 g 以下) という仮説をすてて,『合格ではない』(1.5 g を超える) という仮説をとりたい.しかし,『合格である』という帰無仮説は等号で表現すべきだから,「最悪」であるところの『ぎりぎり合格である』(1.5 g ちょうど) という帰無仮説をたてる.

- 帰無仮説は,H:「$\mu = 1.5$ である」
- 対立仮説は,H':「$\mu > 1.5$ である」

母集団の分布,および母標準偏差がわからないが,標本の大きさ $n = 100$ なので大標本とみなせる.母標準偏差を標本標準偏差 $s = 1$ で代用し,仮説 H のもとで,標本平均 m は (近似的に) 正規分布 $N\left(1.5, \dfrac{1}{100}\right)$ に従う.対立仮説の形にも注目して,標準正規分布 $N(0,1)$ に従う検定統計量

$$Z = \frac{m - 1.5}{\sqrt{\frac{1}{100}}} = 10(m - 1.5)$$

を用いて右側検定を行う.正規分布表から $P(Z \geq 1.645) \fallingdotseq 0.05$ とわかるので,仮説 H の有意水準 5% での棄却域は

$$Z \geq 1.645$$

である.さて,

$$Z \text{ の実現値} = 10(1.7 - 1.5) = 2$$

は棄却域に入っているから,仮説 H を棄却して,対立仮説 H' を採択すべきである.結論として,有意水準 5% で

「この工場の製品は合格とはいえない」

と判断できる.

■ **母平均の検定 (正規母集団,小標本)** ■ 正規母集団で小標本の場合,t-分布を利用して母平均の検定を行うことができる.

例題 8.5 ある中学校で行われた 2009 年度全国学力・学習状況調査の中学校数学 B において,無作為に選んだ生徒 15 人について調査したところ,正答率の平均は 62.5%,不偏標本標準偏差は 10.5% であった.この中学校の正答

率は正規分布をしていると仮定する．この中学校の数学Bの成績は，全国平均57.6%に比べて高いといえるかどうか，有意水準5%で検定せよ．

解答 この中学校の平均値を μ_0 とし，帰無仮説 $H: \mu_0 = 57.6$ と対立仮説 $H': \mu_0 > 57.6$ をおいて右側検定を行う．標本から得られる t-値は

$$\frac{62.5 - 57.6}{10.5/\sqrt{15}} = 1.81.$$

一方，自由度14の t-分布表より，t が自由度14の t-分布に従うとき $P(t > 1.761) = 0.05$. よって，標本から得られた t-値は有意水準5%での H の棄却域に入っている．ゆえに，有意水準5%で，この中学校の数学Bの成績は全国平均に比べて高いといえることになる．

問 8.1 上の例題で，生徒15人の正答率が63.4%，不偏標本標準偏差が12.8%ならば，全国平均57.6%に比べて高いといえるか．有意水準5%で検定せよ．

§8.4 仮説検定における誤り

仮説検定においては，帰無仮説 H を棄却して対立仮説 H' を採択できるかを考えるが，その際に2種類の誤りが考えられる．

- **第1種の誤り** 仮説 H が正しいにもかかわらず，仮説 H を棄却して仮説 H' を採択する．
- **第2種の誤り** 仮説 H' が正しいにもかかわらず，仮説 H を棄却せず仮説 H' を採択しない．

第1種の誤りが起こる確率 α は，有意水準以下になる．一方，第2種の誤りの起こる確率 β は仮説 H' によって変化する．

例 8.1 母比率の検定に関する例題8.1をもう一度検討しよう．

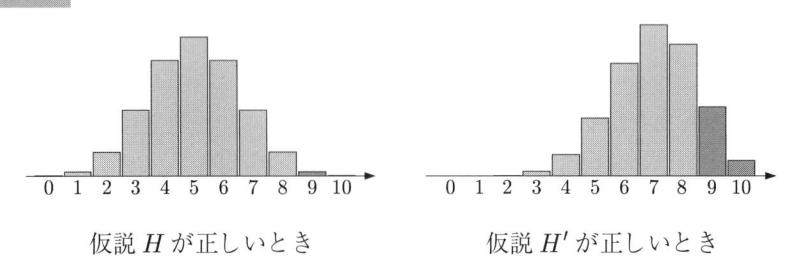

仮説 H が正しいとき　　　　仮説 H' が正しいとき

仮説 H の棄却域は $X \geqq 9$ であった．

- 第1種の誤り：仮説 H が正しいのに H を棄却してしまうのは左の図

§8.4 仮説検定における誤り　113

で $X \geqq 9$ となる場合である．第 1 種の誤りが起こる確率 $\alpha \fallingdotseq 0.011 (= 1.1\%)$ となり，有意水準の 5% より小さい．

- 第 2 種の誤り：仮説 H' が正しいのに H を棄却しないのは右の図で $X \leqq 8$ となる場合である．第 2 種の誤りが起こる確率 β を計算するためには H' を「$p > 1/2$」とするだけでは不十分である．H' のおき方によって第 2 種の誤りの起こる確率 β は次のようになる．仮説 H' が正しいときにきちんと仮説 H' を採択する確率である**検出力** $1 - \beta$ も併記した．

仮説 H'	第 2 種の誤りの起こる確率 β	検出力 $1 - \beta$
$p = 0.6$	95%	5 %
$p = 0.7$	85%	15 %
$p = 0.8$	62%	38 %
$p = 0.9$	26%	74 %

第 1 種の誤りの起こる確率を下げてみよう．有意水準を 1% とすると，仮説 H の棄却域は $X = 10$ となり，第 1 種の誤りの起こる確率 $\alpha \fallingdotseq 0.001 (= 0.1\%)$ となる．一方，第 2 種の誤りが起こるのは仮説 H' が正しいときに $X \leqq 9$ となる場合であり，次の表のようにまとめられる．

仮説 H'	第 2 種の誤りの起こる確率 β	検出力 $1 - \beta$
$p = 0.6$	99.4%	0.6 %
$p = 0.7$	97.2%	2.8 %
$p = 0.8$	89.3%	10.7 %
$p = 0.9$	65.1%	34.9 %

このように，第 1 種の誤りの起こる確率を下げるために有意水準を小さくとると，H の棄却域が狭くなって H' が採択されにくくなり，結果として第 2 種の誤りの起こる確率は上がり，検出力は小さくなる．

工場で生産される製品の品質検査を考える．仮説 H を「合格」，仮説 H' を「不合格」とすると

- 第 1 種の誤り：「合格」にもかかわらず，「不合格」とする (生産者危険)．
- 第 2 種の誤り：「不合格」にもかかわらず，「合格」とする (消費者危険)．

生産者の危険と消費者の危険を同時に小さくすることはできないということになる．

§8.5 適合度の検定

理論的に与えられる分布と，観測によって得られる分布とが一致しているかどうかについて検定を行うのが**適合度の検定**である．

例 8.2 ゆがみがないと思われているある硬貨を 100 回投げたところ，45 回表が出た．帰無仮説 H：「この硬貨はゆがんでいない」と対立仮説 H'：「この硬貨はゆがんでいる」をおいて，適合度の検定を行う．仮説 H のもとでは，表も裏も $100 \times \dfrac{1}{2} = 50$ 回ずつ出ると期待される．

	表	裏
観測度数	45	55
理論度数	50	50

「一致している度合い」を数値的にとらえるために

$$\chi^2 = \left[\frac{(観測度数 - 理論度数)^2}{理論度数} の和 \right]$$

という量を計算する．この例では

$$\chi^2 = \frac{(45-50)^2}{50} + \frac{(55-50)^2}{50} = \frac{25}{50} + \frac{25}{50} = 1.$$

観測度数と理論度数が完全に一致すれば $\chi^2 = 0$ となるが，統計学の知識によって χ^2 の値が「大きすぎない」と判断できれば，仮説 H は棄却されない．仮説 H のもとで，表の出る回数 X は 2 項分布 $B\left(100, \dfrac{1}{2}\right)$ に従うから $E[X] = 50, \sigma[X] = \sqrt{25} = 5$ である．裏の出る回数は $100 - X$ と表されるから

$$\chi^2 = \frac{(X-50)^2}{50} + \frac{\{(100-X)-50\}^2}{50}$$
$$= 2 \times \frac{(X-50)^2}{50} = \frac{(X-50)^2}{25} = \left(\frac{X-50}{5}\right)^2.$$

定理 5.4 により，$\dfrac{X-50}{5}$ は近似的に標準正規分布に従う．χ^2 は標準正規分

布の 2 乗で，定理 8.1 で述べる自由度 1 の χ^2-分布と呼ばれるものに従う．χ^2-分布の表から $P(\chi^2 > 3.841) = 0.05$ であり，有意水準 5% での仮説 H の棄却域は $\chi^2 > 3.841$ である．以上により，仮説 H は棄却されない．

✎ 表と裏の回数は合計すると 100 になるという関係があるから，表の回数と裏の回数のうち「自由」なのは 1 つだけである．このことが「自由度」という用語につながっている．

定理 8.1 確率変数 X が標準正規分布 $N(0,1)$ に従うとき，X^2 の確率密度関数は

$$\begin{cases} \dfrac{1}{\sqrt{2\pi x}} e^{-x/2} & (x > 0), \\ 0 & (x \leqq 0). \end{cases}$$

これを自由度 1 の χ^2-分布という．

証明 $x > 0$ とすると，

$$P(0 \leqq X^2 \leqq x) = P(-\sqrt{x} \leqq X \leqq \sqrt{x})$$

$$= \int_{-\sqrt{x}}^{\sqrt{x}} \frac{1}{\sqrt{2\pi}} e^{-u^2/2} du = 2 \int_0^{\sqrt{x}} \frac{1}{\sqrt{2\pi}} e^{-u^2/2} du$$

$u^2 = t$ とおくと，$\dfrac{dt}{du} = 2u = 2\sqrt{t}$ だから，

$$= 2 \int_0^x \frac{1}{\sqrt{2\pi}} e^{-t/2} \frac{dt}{2\sqrt{t}} = \int_0^x \frac{1}{\sqrt{2\pi t}} e^{-t/2} dt.$$

■

まとめると，

定理 8.2

	A である	A でない
観測度数	X_1	X_2
理論度数	np_1	np_2

$(X_1 + X_2 = n ;$ 十分大きい$)$
$(p_1 + p_2 = 1)$

とすると，

$$\chi^2 = \frac{(X_1 - np_1)^2}{np_1} + \frac{(X_2 - np_2)^2}{np_2}$$

は自由度 1 の χ^2-分布に従う．

証明 $X_2 - np_2 = (n - X_1) - n(1 - p_1) = np_1 - X_1$ に注意すると,

$$\chi^2 = \left(\frac{1}{np_1} + \frac{1}{np_2}\right)(X_1 - np_1)^2 = \frac{1}{np_1 p_2}(X_1 - np_1)^2 = \left(\frac{X_1 - np_1}{\sqrt{np_1(1 - p_1)}}\right)^2.$$

定理 5.4 により $\dfrac{X_1 - np_1}{\sqrt{np_1(1 - p_1)}}$ は近似的に標準正規分布に従うから,χ^2 は自由度 1 の χ^2-分布に従う. ∎

以上のことを一般化しよう.定理 8.3 の証明は §9.4 で行う.定理 8.4 の証明は省略する.

定理 8.3 確率変数 $Z_1, Z_2, \cdots, Z_n$ が独立でいずれも標準正規分布 $N(0,1)$ に従うとき,$\chi^2 = Z_1^2 + Z_2^2 + \cdots + Z_n^2$ の確率密度関数は

$$\begin{cases} \dfrac{1}{2^{\frac{n}{2}} \Gamma\left(\frac{n}{2}\right)} e^{-\frac{1}{2}x} x^{\frac{n}{2}-1} & (x > 0), \\ 0 & (x \leqq 0). \end{cases} \tag{8.1}$$

この分布を**自由度 n の χ^2-分布**と呼ぶ.ここで,$\Gamma(s)$ はガンマ関数 (7.9) である.

定理 8.4

	A_1	A_2	$\cdots$	A_k
観測度数	X_1	X_2	$\cdots$	X_k
理論度数	np_1	np_2	$\cdots$	np_k

$(X_1 + X_2 + \cdots + X_k = n)$
$(p_1 + p_2 + \cdots + p_k = 1)$

とする.n が十分大きく,$np_1, np_2, \cdots, np_k \geqq 5$ であるとき

$$\chi^2 = \frac{(X_1 - np_1)^2}{np_1} + \frac{(X_2 - np_2)^2}{np_2} + \cdots + \frac{(X_k - np_k)^2}{np_k}$$

は自由度 $(k-1)$ の χ^2-分布に従う.

■**標本平均と標本分散の関係**■ 次の定理を用いて,標本分散 S^2 から母分散 σ^2 を推定することができる.また,母分散に関する検定を行うことができる.

定理 8.5 $X_1, X_2, \cdots, X_n$ が独立で,いずれも正規分布 $N(\mu, \sigma^2)$ に従う

とき，
$$\overline{X} = \frac{1}{n}\sum_{j=1}^{n} X_j, \quad S^2 = \frac{1}{n}\sum_{j=1}^{n}(X_j - \overline{X})^2, \quad U^2 = \frac{n}{n-1}S^2$$
とおく．
(1) $\overline{X}$ と S^2 とは独立である ($\overline{X}$ と U^2 が独立といってもよい)．
(2) $\dfrac{(n-1)U^2}{\sigma^2} = \dfrac{nS^2}{\sigma^2}$ は自由度 $(n-1)$ の χ^2-分布に従う．

この定理の証明は §9.4 で行う．

■**F-分布**■　X, Y は独立で，X が自由度 m の χ^2-分布に従い，Y が自由度 m の χ^2-分布に従うとき，$\dfrac{X/m}{Y/n}$ の分布の密度関数は

$$f(x) = \begin{cases} 0 & (x < 0), \\ \dfrac{m^{m/2} n^{n/2}}{B(m/2, n/2)} \dfrac{x^{m/2-1}}{(mx+n)^{(m+n)/2}} & (x \geqq 0) \end{cases}$$

となることが知られている ($B(a,b)$ はベータ関数)．この分布を**自由度 (m,n) の F-分布**と呼ぶ[1]．この分布を用いると，2 つの母集団の母分散が等しいかどうかの検定を行うことができる．

---

[1] George Waddel Snedecor (1881–1974)：アメリカの統計学者．イギリスの統計学者 Sir Ronald Aylmer Fisher (1890–1962) にちなんで F の文字を用いた (1934 年)．

9 いろいろな確率分布

§9.1 ベルヌイ試行と関連する確率分布

■**ファースト・サクセス分布と幾何分布**■　§5.1で学んだように,結果が「成功」か「失敗」しかない試行をベルヌイ試行といった.次の例題は成功確率 $p = \dfrac{1}{6}$ のベルヌイ試行をくり返すことに関連する確率分布についての問題である.

> **例題 9.1** 次の確率変数 X のそれぞれについて,$P(X = k)$ を求めよ.
> (1) さいころを 1 回投げたとき,3 の目が出たら成功で $X = 1$,それ以外の目が出たら失敗で $X = 0$ とする.
> (2) さいころを 10 回投げたうち,3 の目が出た回数を X とする.
> (3) さいころを何回も投げたとき,X 回目に初めて 3 の目が出る.
> (4) さいころを何回も投げて初めて 3 の目が出たとき,それまでに 3 以外の目が出た回数を X とする.

解答　(1) 成功確率 $p = \dfrac{1}{6}$ のベルヌイ分布である.
$$P(X = 1) = \frac{1}{6}, \quad P(X = 0) = \frac{5}{6}.$$
(2) 試行回数 $n = 10$,成功確率 $p = \dfrac{1}{6}$ の 2 項分布である.
$$P(X = k) = {}_{10}\mathrm{C}_k \left(\frac{1}{6}\right)^k \left(\frac{5}{6}\right)^{10-k} \quad (k = 0, 1, \cdots, 10).$$
(3) 初めて成功するまでの試行回数である.
$$P(X = k) = \frac{1}{6}\left(\frac{5}{6}\right)^{k-1} \quad (k = 1, 2, \cdots).$$
(4) 初めて成功するまでに失敗した回数である.
$$P(X = k) = \frac{1}{6}\left(\frac{5}{6}\right)^k \quad (k = 0, 1, 2, \cdots).$$

§9.1 ベルヌイ試行と関連する確率分布

$p > 0$ とする．例題 9.1(3) を一般化して，

$$P(X = k) = (1-p)^{k-1} p \quad (k = 1, 2, \cdots).$$

のとき，確率変数 X は「成功確率 p のファースト・サクセス分布 (first success distribution) に従う」という．また，例題 9.1(4) を一般化して，

$$P(\widetilde{X} = k) = (1-p)^k p \quad (k = 0, 1, 2, \cdots).$$

のとき，確率変数 $\widetilde{X}$ は「成功確率 p の幾何分布 (geometric distribution) に従う」という．

定理 9.1 $p > 0$ とする．確率変数 X が成功確率 p のファースト・サクセス分布に従うとき，

$$E[X] = \frac{1}{p}, \quad V[X] = \frac{1-p}{p^2}.$$

確率変数 $\widetilde{X}$ が成功確率 p の幾何分布に従うとき，$\widetilde{X} = X - 1$ と考えてよいので，

$$E[\widetilde{X}] = \frac{1}{p} - 1 = \frac{1-p}{p}, \quad V[\widetilde{X}] = \frac{1-p}{p^2}.$$

証明 等比数列の和の公式から，$(1-p)x < 1$ のとき $\displaystyle\sum_{k=1}^{\infty} \{(1-p)x\}^{k-1} = \frac{1}{1-(1-p)x}$

となり，両辺を px 倍すると

$$\sum_{k=1}^{\infty} (1-p)^{k-1} p x^k = \frac{px}{1-(1-p)x}.$$

両辺を x で偏微分すると，

$$\sum_{k=1}^{\infty} k(1-p)^{k-1} p x^{k-1} = \frac{p\{1-(1-p)x\} - px\{-(1-p)\}}{\{1-(1-p)x\}^2}$$

$$= \frac{p}{\{1-(1-p)x\}^2} [= p\{1-(1-p)x\}^{-2}]. \quad (9.1)$$

$x = 1$ を代入すると $\displaystyle E[X] = \sum_{k=1}^{\infty} k(1-p)^{k-1} p = \frac{p}{p^2} = \frac{1}{p}$ を得る．次に，(9.1) の両辺を x で偏微分すると

$$\sum_{k=1}^{\infty} k(k-1)(1-p)^{k-1} p x^{k-2} = -2p\{1-(1-p)x\}^{-3}\{-(1-p)\} = \frac{2p(1-p)}{\{1-(1-p)x\}^3}$$

となるから，$x=1$ を代入すると
$$E[X^2] - E[X] = \sum_{k=1}^{\infty} k(k-1)(1-p)^{k-1}p = \frac{2p(1-p)}{p^3} = \frac{2(1-p)}{p^2}.$$
定理 4.1 により，
$$V[X] = E[X^2] - (E[X])^2 = \{(E[X^2] - E[X]) + E[X]\} - (E[X])^2$$
$$= \frac{2(1-p)}{p^2} + \frac{1}{p} - \left(\frac{1}{p}\right)^2 = \frac{1-p}{p^2}.$$

定理 9.1 を応用した計算の例を挙げる．

例 9.1 ある食品には 10 種類のおまけがついており，その全種類を集めたい．この食品は十分豊富に生産されていて，どの種類のおまけも確率 $\frac{1}{10}$ ずつで出るとする．全種類を集めるまでに購入する個数 X の期待値を求めよう．$(i-1)$ 種類そろった時点から i 種類目が初めて手に入るまでに X_i 個購入すると考える $(i=1, 2, \cdots, 10)$．

- 最初の 1 個を買うと必ず 1 種類目が手に入る：$X_1 = 1$ である．
- 2 種類目が手に入るまでにさらに X_2 個購入する：X_2 は成功確率 $\frac{9}{10}$ のファースト・サクセス分布に従い，$E[X_2] = \frac{10}{9}$ である．
- 3 種類目が手に入るまでにさらに X_3 個購入する：X_3 は成功確率 $\frac{8}{10}$ のファースト・サクセス分布に従い，$E[X_3] = \frac{10}{8}$ である．
- 以下同様に，X_i は成功確率 $\frac{10-i+1}{10}$ のファースト・サクセス分布に従うから，$E[X_i] = \frac{10}{10-i+1}$ である．

全種類がそろうまでに $X = X_1 + X_2 + \cdots + X_{10}$ 個購入するのだから，
$$E[X] = E[X_1] + E[X_2] + \cdots + E[X_{10}] = \frac{10}{10} + \frac{10}{9} + \cdots + \frac{10}{1}$$
$$= 10\left(\frac{1}{1} + \frac{1}{2} + \cdots + \frac{1}{10}\right) \fallingdotseq 29.29$$
となる．

一般に，n 種類のおまけがあるとき，その全種類を集めるまでに購入する個

数の期待値は $n \sum_{i=1}^{n} \dfrac{1}{i}$ であり，

$$n \to \infty \text{ のとき } \quad n \sum_{i=1}^{n} \dfrac{1}{i} \sim n \log n, \quad \text{すなわち,} \lim_{n \to \infty} \dfrac{n \sum_{i=1}^{n} \dfrac{1}{i}}{n \log n} = 1$$

となることが知られている．

■**ポアソン分布**■　確率変数 X が

$$P(X = k) = e^{-\lambda} \dfrac{\lambda^k}{k!} \quad (k = 0, 1, 2, \cdots)$$

を満たすとき，「強さ (intensity)λ のポアソン分布に従う」という[1]．

成功確率 p のベルヌイ試行を n 回行うとき，成功回数 X は 2 項分布 $B(n, p)$ に従う．粗くいって

1 回 1 回の試行での成功確率 p が小さく，試行回数 n が大きいとき

X の分布は強さ np のポアソン分布で近似される．たとえば，1 つ 1 つの車が交通事故を起こす確率 p は小さいが，ある交差点ではたくさんの車 (n 台) が通るものとすると，そこでの交通事故の件数 X は強さ np のポアソン分布を使って計算できる．

定理 9.2 [2 項分布のポアソン分布による近似：ポアソンの少数の法則]　X が 2 項分布 $B\left(n, \dfrac{\lambda}{n}\right)$ に従うとき，$k = 0, 1, 2, \cdots$ に対して，

$$\lim_{n \to \infty} P(X = k) = \lim_{n \to \infty} {}_n\mathrm{C}_k \left(\dfrac{\lambda}{n}\right)^k \left(1 - \dfrac{\lambda}{n}\right)^{n-k} = e^{-\lambda} \dfrac{\lambda^k}{k!}.$$

すなわち，n が大きければ，X の分布は強さ λ のポアソン分布で近似できる．

証明　${}_n\mathrm{C}_k$ が分母，分子とも k 個の数の積であることに注目して，

$$\begin{aligned}
&{}_n\mathrm{C}_k \left(\dfrac{\lambda}{n}\right)^k \left(1 - \dfrac{\lambda}{n}\right)^{n-k} \\
&= \dfrac{n \cdot (n-1) \cdots (n-k+2) \cdot (n-k+1)}{k!} \dfrac{\lambda^k}{n^k} \dfrac{\left(1 - \dfrac{\lambda}{n}\right)^n}{\left(1 - \dfrac{\lambda}{n}\right)^k}
\end{aligned}$$

---

[1] Siméon Denis Poisson (1781–1840)：フランスの数学者・物理学者．

$$= \frac{n}{n-\lambda}\frac{n-1}{n-\lambda}\cdots\frac{n-k+1}{n-\lambda}\frac{\lambda^k}{k!}\left(1-\frac{\lambda}{n}\right)^n$$

と変形する．$n \to \infty$ のとき，最初の k 個の項はすべて 1 に収束する．また

$$\lim_{n\to\infty}\left(1-\frac{\lambda}{n}\right)^n = e^{-\lambda}$$

である．

定理 9.3 確率変数 X が強さ λ のポアソン分布に従うとき，
$$E[X] = \lambda, \quad V[X] = \lambda.$$

✎ X が 2 項分布 $B\left(n, \frac{\lambda}{n}\right)$ に従うとき $E[X] = \lambda$, $V[X] = \lambda\left(1-\frac{\lambda}{n}\right)$ だから，定理 9.2 から，強さ λ のポアソン分布の平均と分散はいずれも λ になることが推察される．

証明 テイラー展開の公式 $e^{\lambda x} = \sum_{k=0}^{\infty}\frac{(\lambda x)^k}{k!}$ より，$e^{\lambda x - \lambda} = \sum_{k=0}^{\infty}e^{-\lambda}\frac{\lambda^k}{k!}x^k$．この両辺を x で偏微分すると

$$\lambda e^{\lambda x - \lambda} = \sum_{k=0}^{\infty}ke^{-\lambda}\frac{\lambda^k}{k!}x^{k-1}. \tag{9.2}$$

$x=1$ を代入すると $E[X] = \sum_{k=0}^{\infty}ke^{-\lambda}\frac{\lambda^k}{k!} = \lambda$ を得る．次に，(9.2) の両辺を x で偏微分すると

$$\lambda^2 e^{\lambda x - \lambda} = \sum_{k=0}^{\infty}k(k-1)e^{-\lambda}\frac{\lambda^k}{k!}x^{k-2}$$

となるから，$x=1$ を代入すると

$$\lambda^2 = \sum_{k=0}^{\infty}k(k-1)e^{-\lambda}\frac{\lambda^k}{k!} = E[X^2] - E[X].$$

定理 4.1 により，
$$V[X] = E[X^2] - (E[X])^2 = \{(E[X^2] - E[X]) + E[X]\} - (E[X])^2$$
$$= \{\lambda^2 + \lambda\} - \lambda^2 = \lambda.$$

例 9.2 ある機械について，時刻 t までに故障が発生する回数について調べたい．単位時間に n 回の点検を行う．点検の各回で故障が見つかる確率を p とすると，単位時間の故障回数の平均は np である．単位時間に平均 λ 回故障すると仮定する．単位時間あたりの点検回数 $n \to \infty$ として，「連続的に点検

を行っている」状況を考える．このとき，点検の各回で故障が見つかる確率 $p = \dfrac{\lambda}{n} \to 0$ となる．さて，時間 t までに nt 回点検を行い故障が k 回見つかる確率は

$$_{nt}\mathrm{C}_k \left(\frac{\lambda}{n}\right)^k \left(1 - \frac{\lambda}{n}\right)^{nt-k}$$

であり，定理 9.2 により，$n \to \infty$ での極限は $e^{-\lambda t} \dfrac{(\lambda t)^k}{k!}$ となる．これは平均 λt のポアソン分布である．

例 9.2 をもとに，時刻 t までの故障の回数を $N(t)$ で表し，

$$P(N(t) = k) = e^{-\lambda t} \frac{(\lambda t)^k}{k!} \quad (k = 0, 1, 2, \cdots)$$

とする確率モデルが考えられる．これを強さ λ の**ポアソン過程**と呼ぶ[2]．このとき，時刻 t までに故障が 1 度も起こらない確率は $P(N(t) = 0) = e^{-\lambda t}$ だから，機械の寿命を T とすると，これは $T > t$ であることを意味する．したがって，T の確率分布を

$$P(T > x) = e^{-\lambda x} \quad (x \geqq 0)$$

と考えることは自然であろう．このとき，T はパラメター λ の**指数分布** (exponential distribution) に従うという．故障の起こる時間間隔が互いに独立なパラメター λ の指数分布に従うとすると，時刻 t までの故障の回数が強さ λt のポアソン分布に従うことも知られている．指数分布について，詳しくは後の節で学ぶ．

例題 9.2 ある講演会場には座席が 98 あり，来月この会場で行われる講演会の前売りチケットが発売された．しかし，手違いで前売りチケットを 100 人に販売してしまった．これまでの経験から，チケットを買っても会場に現れない人の割合は 2%だという．次の問に答えよ．
(1) 前売りチケットを買った 100 人のうち，会場に現れない人数を X とする．X はどのような 2 項分布に従うか．また，X の分布はどのような

---

[2] $\{N(t) ; t \geqq 0\}$ をグラフにしたものを想像するとよい．

ポアソン分布で近似できるか．
(2) ポアソン分布の表を利用して，会場に来た人が全員座席につける確率を求めよ．

解答 (1) X は 2 項分布 $B(100, 0.02)$ に従い，強さ $\lambda = 2$ のポアソン分布で近似できる．
(2) 強さ $\lambda = 2$ のポアソン分布の表を利用すると，
$$P(\text{来場者が全員座れる}) = P(X \geqq 2) = 1 - P(X = 0) - P(X = 1)$$
$$\stackrel{表}{=} 1 - 0.1353 - 0.2707 = 0.5940.$$

問 9.1 ある店に買い物に入る客の数は，平均して 1 分間あたり 2 人であり，開店してから t 分の間に来店した客の数を $N(t)$ とすると
$$P(N(t) = k) = e^{-2t} \frac{(2t)^k}{k!} \quad (k = 0, 1, 2, \cdots)$$
となるという．次の問に答えよ (答えは e を用いて表せ)．
(1) 開店して 5 分の間に，ちょうど 3 人の客が訪れる確率を求めよ．
(2) 開店してから 3 分間以上お客が訪れない確率を求めよ．

確率母関数 定理 9.1, 9.3 の証明の考え方を一般化しよう．非負の整数値をとる確率変数 X について，X の確率分布 $\{P(X = k)\}_{k=0,1,2,\cdots}$ から
$$P(x) = \sum_{k=0}^{\infty} P(X = k) x^k$$
という関数を作る．これを X の**確率母関数**という．

定理 9.4 $\quad E[X] = P'(1), \quad E[X(X-1)] = P''(1).$
したがって $V[X] = P''(1) + P'(1) - P'(1)^2.$

証明 項別に微分すると
$$P'(x) = \sum_{k=0}^{\infty} k P(X = k) x^{k-1}, \quad P''(x) = \sum_{k=0}^{\infty} k(k-1) P(X = k) x^{k-2}$$
となるから，
$$P'(1) = E[X], \quad P''(1) = E[X(X-1)] = E[X^2] - E[X]$$
である．また $V[X] = E[X^2] - (E[X])^2 = \{P''(1) + P'(1)\} - P'(1)^2.$

例 9.3

- 2項分布の確率母関数は $\sum_{k=0}^{\infty} {}_n\mathrm{C}_k\, p^k (1-p)^{n-k} x^k = \{px + (1-p)\}^n$.

- ファースト・サクセス分布の確率母関数は $\dfrac{px}{1-(1-p)x}$. (定理 9.1 の計算)

- ポアソン分布の確率母関数は $e^{\lambda x - \lambda}$. (定理 9.3 の計算)

§ 9.2　いろいろな離散確率分布

■ポーリアの壺■　壺の中に，赤玉と白玉が1個ずつ入っている．壺の中から玉を無作為に1個とり出して，その玉を戻すとともに，とり出した玉と同じ色の玉を1個壺に追加する．これは**ポーリアの壺**[3]と呼ばれる確率モデルの最も単純な場合である．2回目に赤玉が出る確率は

$$P(2 回目が赤玉) = P(1 回目が赤玉で，2 回目も赤玉)$$
$$+ P(1 回目が白玉で，2 回目が赤玉)$$
$$= P(1 回目が赤玉) P_{1 回目が赤玉}(2 回目が赤玉)$$
$$+ P(1 回目が白玉) P_{1 回目が白玉}(2 回目が赤玉)$$
$$= \frac{1}{2} \times \frac{2}{3} + \frac{1}{2} \times \frac{1}{3} = \frac{1}{2}$$

と計算される．この値は1回目に赤玉が出る確率と等しいことに注目しよう．福引では当たりが出れば出るほど次に当たりが出にくくなるが，当たりくじを引く確率は引く順番に関係なく一定であった (問 3.10)．ポーリアの壺においては赤玉が出れば出るほど次に赤玉が出る条件付き確率は高くなるが，赤玉が出る確率自体は何回目でも一定なのである．

次に，3回の取り出しで赤玉がちょうど1回出る確率を計算してみる．確率 p で表が，確率 $1-p$ で裏が出る硬貨を3回投げるとき，「赤玉が出る順序が違っても，それぞれの場合で確率は同じ」という交換可能性 (exchangeability) から

$$P(3 回中 1 回表が出る) = P(赤白白) + P(白赤白) + P(白白赤)$$

---

[3] Pólya György (1887–1985)：ハンガリーの数学者．

$$= p(1-p)(1-p) + (1-p)p(1-p) + (1-p)(1-p)p$$

$$= {}_3\mathrm{C}_1\, p^1(1-p)^2 = 3p(1-p)^2$$

と計算した．交換可能性はポーリアの壺においても成り立ち，

$$P(3\,\text{回中}\,1\,\text{回赤玉が出る}) = P(\text{赤白白}) + P(\text{白赤白}) + P(\text{白白赤})$$

$$= \frac{1}{2}\cdot\frac{1}{3}\cdot\frac{2}{4} + \frac{1}{2}\cdot\frac{1}{3}\cdot\frac{2}{4} + \frac{1}{2}\cdot\frac{2}{3}\cdot\frac{1}{4}$$

$$= {}_3\mathrm{C}_1 \frac{1\times 1\cdot 2}{2\cdot 3\cdot 4} = \frac{1}{4}$$

と計算できる．この計算を一般化すると，n 回の取り出しが終わった時点での壺の中の赤玉の個数を X_n とするとき，$k = 0, 1, \cdots, n$ に対して

$$P(X_n = 1+k) = P(n\,\text{回中}\,k\,\text{回赤玉が出る})$$

$$= {}_n\mathrm{C}_k \frac{1\cdot\cdots\cdot k \times 1\cdot\cdots\cdot (n-k)}{2\cdot 3\cdot\cdots\cdot (n+1)}$$

$$= \frac{n!}{k!\,(n-k)!}\frac{k!\,(n-k)!}{(n+1)!} = \frac{1}{n+1} \quad (k = 0, 1, 2, \cdots, n)$$

となる．すなわち，X_n は $\{1, 2, \cdots, n+1\}$ の上の一様分布に従う．

> **問 9.2** ポーリアの壺において，n 回の取り出しが終わった時点での壺の中の赤玉の個数 X_n の期待値を求めよ．

n 回の取り出しが終わった時点で壺の中にある $(n+2)$ 個の玉のうちの赤玉の比率 $Y_n = \dfrac{X_n}{n+2}$ について考える．Y_n は 0 以上 1 以下の値をとる確率変数である．試行回数 $n \to \infty$ としたとき，ランダムな数列 $\{Y_n\}$ の極限 $\lim_{n\to\infty} Y_n$ が存在し，その極限値は 0 以上 1 以下の実数の上に「一様に分布する」ことが知られている．$0 \leqq a < b \leqq 1$ とするとき，

$$\lim_{n\to\infty} P(a \leqq Y_n \leqq b) = \lim_{n\to\infty} P((n+2)a \leqq X_n \leqq (n+2)b)$$

$$= \lim_{n\to\infty} \sum_{k:\ (n+2)a\,\text{以上}\,(n+2)b\,\text{以下の整数}} P(X_n = k)$$

$$\approx \lim_{n\to\infty} ((n+2)b - (n+2)a)\cdot\frac{1}{n+1} = b - a$$

である．この $b-a$ とは

$$\frac{a \text{ 以上 } b \text{ 以下の実数の集合 } [a,b] \text{ の長さ}}{0 \text{ 以上 } 1 \text{ 以下の実数の集合 } [0,1] \text{ の長さ}}$$

のことであると解釈できる．そこで，確率変数 Y が 0 以上 1 以下の実数の集合 $[0,1]$ の上に一様分布するとは，

$$P(a \leqq Y \leqq b) = b - a \quad (0 \leqq a < b \leqq 1)$$

が成り立つことと定義する．この連続的な一様分布については後の節で詳しく学ぶ．

■封筒と手紙の問題■

例題 9.3 封筒が 3 枚あり，宛名が A 氏，B 氏，C 氏と書かれている．A 氏，B 氏，C 氏宛の手紙が各 1 通あり，よく混ぜて 3 枚の封筒のそれぞれに 1 通ずつ入れる．次の問に答えよ．

(1) 宛名どおり手紙が入っている封筒を X 枚とするとき，X の確率分布，期待値 $E[X]$，分散 $V[X]$ をそれぞれ求めよ．

(2) $X_\mathrm{A} = \begin{cases} 1 & (\text{A 氏宛の封筒に A 氏宛の手紙が入っているとき}), \\ 0 & (\text{A 氏宛の封筒に他の人に宛てた手紙が入っているとき}) \end{cases}$

とする．$P(X_\mathrm{A}=1)$, $E[X_\mathrm{A}]$ および $V[X_\mathrm{A}]$ をそれぞれ求めよ．

(3) X_B も同様に定める．事象 $\{X_\mathrm{A}=1\}$ と事象 $\{X_\mathrm{B}=1\}$ は独立でないことを示せ．

(4) X_C も同様に定めると，$X = X_\mathrm{A} + X_\mathrm{B} + X_\mathrm{C}$ と表せる．$V[X_\mathrm{A}] + V[X_\mathrm{B}] + V[X_\mathrm{C}]$ の値と $V[X]$ の値を比較せよ．

解答 (1) 標本空間と確率変数 X の値の関係を調べると

封筒	A	B	C	X の値
中の手紙	A	B	C	3
	A	C	B	1
	B	A	C	1
	B	C	A	0
	C	A	B	0
	C	B	A	1

X	3	1	0
X^2	9	1	0
確率	$\frac{1}{6}$	$\frac{3}{6}$	$\frac{2}{6}$

よって，$E[X] = 1, E[X^2] = 2, V[X] = E[X^2] - (E[X])^2 = 2 - 1^2 = 1$.

(2) $P(X_A = 1) = \dfrac{2}{6} = \dfrac{1}{3}$, $E[X_A^2] = E[X_A] = \dfrac{1}{3}, V[X_A] = \dfrac{1}{3} - \left(\dfrac{1}{3}\right)^2 = \dfrac{2}{9}$.

(3) $P(X_B = 1) = \dfrac{1}{3}, P(\{X_A = 1\} \cap \{X_B = 1\}) = \dfrac{1}{6}$ だから

$$P(\{X_A = 1\} \cap \{X_B = 1\}) = \frac{1}{6} > \frac{1}{9} = P(X_A = 1)P(X_B = 1)$$

であり，事象 $\{X_A = 1\}$ と事象 $\{X_B = 1\}$ は独立でない．

(4) X_A, X_B, X_C はいずれも同じ分布に従うので

$$V[X_A] + V[X_B] + V[X_C] = \frac{2}{9} + \frac{2}{9} + \frac{2}{9} = \frac{2}{3}$$

となり，$V[X] = 1$ より小さい．これは，X_A, X_B, X_C が独立でないことによる．なお，期待値については

$$E[X] = E[X_A] + E[X_B] + E[X_C] = 1$$

が成り立つことに注意されたい．

問 9.3 n 人がプレゼント交換をする．$i = 1, \cdots, n$ について，

$$X_i = \begin{cases} 1 & (i\,\text{番目の人が自分のプレゼントを受け取ったとき}), \\ 0 & (i\,\text{番目の人が他人のプレゼントを受け取ったとき}) \end{cases}$$

とおく．次の問に答えよ．ただし，プレゼントの配分は等確率でなされるとする．

(1) $i = 1, \cdots, n$ について，$P(X_i = 1)$ を求めよ．

(2) $i = 1, \cdots, n$ について，$E[X_i]$ および $V[X_i]$ をそれぞれ求めよ．

(3) $i, j = 1, \cdots, n$ が $i \neq j$ を満たすとき，$P(X_i = X_j = 1)$ を求めよ．

(4) $i, j = 1, \cdots, n$ が $i \neq j$ を満たすとき，事象 $\{X_i = 1\}$ と事象 $\{X_j = 1\}$ は独立か．

(5) $S_n = X_1 + X_2 + \cdots + X_n$ とする．$E[S_n], E[(S_n)^2]$ および $V[S_n]$ をそれぞれ求めよ．

超幾何分布

例題 9.4 1000 個の製品の入った箱があり，この中に 10 個の不良品が含まれているとする．この箱から 10 個の製品を無作為に抜き出したときに含まれる不良品の数を X とする．X の確率分布を求めよ．

解答 1000 個の製品から 10 個を選ぶ選び方は ${}_{1000}C_{10}$ 通りで，不良品 k 個と良品

$(10-k)$ 個を選ぶ選び方は $_{10}\mathrm{C}_k \times {}_{990}\mathrm{C}_{10-k}$ 通りだから,
$$P(X=k) = \frac{{}_{10}\mathrm{C}_k \times {}_{990}\mathrm{C}_{10-k}}{{}_{1000}\mathrm{C}_{10}} \quad (k=0,1,\cdots,10)$$
となる．このような形の確率分布は**超幾何分布**と呼ばれている．

✎ 「製品を，毎回箱に戻して10回選び出す」という問題なら X は2項分布に従うが，この例では，製品を箱に戻さずに10個選び出す点に違いがある．

毎回箱に戻して10回取り出したときの不良品の数 $\widetilde{X}$ は
$$P(\widetilde{X}=k) = {}_{10}\mathrm{C}_k \left(\frac{10}{1000}\right)^k \left(\frac{990}{1000}\right)^{10-k} \quad (k=0,1,\cdots,10)$$
という2項分布に従うが，これは $P(\widetilde{X}=k) = {}_{10}\mathrm{C}_k \dfrac{10^k\, 990^{10-k}}{1000^k}$ と書き直せる．
一方，
$$(n)_k = \underbrace{n\cdot(n-1)\cdots(n-k+1)}_{k\text{ 個}} = \frac{n!}{(n-k)!}$$
という記号を使うと，例題 9.4 の超幾何分布は
$$P(X=k) = {}_{10}\mathrm{C}_k \frac{(10)_k\,(990)_{10-k}}{(1000)_k}$$
と書くことができる．

§ 9.3　いろいろな連続確率分布

最も重要な連続確率分布として §5.3 で正規分布について学んだ．本節ではその他の重要な連続確率分布を紹介する．

■**分布関数**■　$F(x) = P(X \leqq x)$ を，確率変数 X の**分布関数**と呼ぶ．
$$P(a \leqq X \leqq b) = P(X \leqq b) - P(X \leqq a) = F(b) - F(a)$$
という関係がある．
$$P(a \leqq X \leqq b) = F(b) - F(a) = \int_a^b F'(x)\,dx$$
より確率変数 X の確率密度関数 $f(x) = F'(x)$ である．

例題 9.5　確率変数 X の確率密度関数 $f(x)$ が
$$f(x) = \begin{cases} 0 & (x < 1), \\ Ax^{-4} & (x \geqq 1) \end{cases}$$

で与えられるとき，定数 A の値を求めよ．また，X の分布関数 $F(x) = P(X \leqq x)$ を求めよ．

解答 全確率は 1 だから，
$$1 = \int_{-\infty}^{\infty} f(x)\,dx = \int_{1}^{\infty} Ax^{-4}\,dx = A\left[\frac{1}{-3}x^{-3}\right]_{1}^{\infty} = -\frac{A}{3}(0-1) = \frac{A}{3}$$

より定数 $A = 3$ である．X の分布関数 $F(x) = P(X \leqq x)$ について，$x < 1$ のとき明らかに $F(x) = 0$ であり，$x \geqq 1$ のとき
$$F(x) = P(X \leqq x) = \int_{-\infty}^{x} f(t)\,dt = \int_{1}^{x} 3t^{-4}\,dt = \left[-t^{-3}\right]_{1}^{x} = 1 - x^{-3}$$

である．まとめると $F(x) = \begin{cases} 0 & (x < 1), \\ 1 - x^{-3} & (x \geqq 1). \end{cases}$ ∎

■**一様分布と指数分布**■ 2種類の「待ち時間」について例題で見てみよう．

例題 9.6 駅についてからの電車の待ち時間 X の確率密度関数が
$$f(x) = \begin{cases} \dfrac{1}{8} & (0 \leqq x \leqq 8), \\ 0 & (x < 0,\ x > 8) \end{cases}$$

であるとする．次の問に答えよ．
(1) $P(3 \leqq X \leqq 6)$ の値を求めよ．　(2) X の期待値 $E[X]$ を求めよ．
(3) X の 2 次モーメント $E[X^2]$ を求めよ．
(4) X の分散 $V[X]$ と，X の標準偏差 $\sigma[X]$ をそれぞれ求めよ．
(5) X の分布関数 $F(x) = P(X \leqq x)$ を求めよ．

解答 この X の確率分布は，区間 $[0, 8]$ 上の**一様分布** (uniform distribution) とよばれる．

(1) $P(3 \leqq X \leqq 6) = \displaystyle\int_{3}^{6} f(x)\,dx = \int_{3}^{6} \frac{1}{8}\,dx = \left[\frac{1}{8}x\right]_{3}^{6} = \frac{3}{8}$.

(2) $E[X] = \displaystyle\int_{-\infty}^{\infty} xf(x)\,dx = \int_{0}^{8} x \cdot \frac{1}{8}\,dx = \left[\frac{1}{16}x^2\right]_{0}^{8} = 4$.

(3) $E[X^2] = \displaystyle\int_{-\infty}^{\infty} x^2 f(x)\,dx = \int_{0}^{8} x^2 \cdot \frac{1}{8}\,dx = \left[\frac{1}{24}x^3\right]_{0}^{8} = \frac{64}{3}$.

(4) $V[X] = E[X^2] - (E[X])^2 = \dfrac{64}{3} - 4^2 = \dfrac{16}{3}$, $\sigma[X] = \sqrt{\dfrac{16}{3}} = \dfrac{4\sqrt{3}}{3}$.

(5) $x < 0$ のときは $f(x) = 0$ だから，
$$F(x) = \int_{-\infty}^{x} f(t)\, dt = \int_{-\infty}^{x} 0\, dt = 0.$$
次に，$0 \leqq x \leqq 8$ のときは
$$F(x) = \int_{-\infty}^{x} f(t)\, dt = \int_{-\infty}^{0} 0\, dt + \int_{0}^{x} \frac{1}{8}\, dt = 0 + \left[\frac{1}{8}t\right]_{0}^{x} = \frac{x}{8}$$
となる．同様に考えて，$x > 8$ のときは
$$F(x) = \int_{-\infty}^{x} f(t)\, dt = \int_{-\infty}^{0} 0\, dt + \int_{0}^{8} \frac{1}{8}\, dt + \int_{8}^{x} 0\, dt = 0 + \left[\frac{1}{8}t\right]_{0}^{8} + 0 = 1$$
となる．まとめると
$$F(x) = \begin{cases} 0 & (x < 0), \\ \dfrac{x}{8} & (0 \leqq x \leqq 8), \\ 1 & (x > 8). \end{cases}$$

例題 9.7 ある製品が故障するまでの時間 X の確率密度関数は
$$f(x) = \begin{cases} 0 & (x < 0), \\ \dfrac{1}{200} e^{-x/200} & (x \geqq 0) \end{cases}$$
であるという．次の問に答えよ．
(1) $P(100 \leqq X \leqq 200)$ の値を求めよ． (2) X の期待値 $E[X]$ を求めよ．
(3) X の 2 次モーメント $E[X^2]$ を求めよ．
(4) X の分散 $V[X]$ と，X の標準偏差 $\sigma[X]$ をそれぞれ求めよ．
(5) X の分布関数 $F(x) = P(X \leqq x)$ を求めよ．

解答 この X の確率分布は**指数分布** (exponential distribution) の一例である．
(1) $$P(100 \leqq X \leqq 200) = \int_{100}^{200} f(x)\, dx = \int_{100}^{200} \frac{1}{200} e^{-x/200}\, dx$$
$$= \left[-e^{-x/200}\right]_{100}^{200} = -e^{-1} + e^{-1/2} = \frac{1}{\sqrt{e}} - \frac{1}{e}.$$

(2) 部分積分を使う．
$$E[X] = \int_{-\infty}^{\infty} x f(x)\, dx = \int_{0}^{\infty} x \cdot \frac{1}{200} e^{-x/200}\, dx$$
$$= \left[x \cdot (-e^{-x/200})\right]_{0}^{\infty} - \int_{0}^{\infty} 1 \cdot (-e^{-x/200})\, dx = 0 - \left[200 e^{-x/200}\right]_{0}^{\infty} = 200.$$

(3) 部分積分を 2 回使ってもよいが，(2) の結果を利用するなら，
$$E[X^2] = \int_{-\infty}^{\infty} x^2 f(x)\, dx = \int_0^{\infty} x^2 \cdot \frac{1}{200} e^{-x/200}\, dx$$
$$= \left[x^2 \cdot (-e^{-x/200})\right]_0^{\infty} - \int_0^{\infty} 2x \cdot (-e^{-x/200})\, dx$$
$$= 0 + 400 \int_0^{\infty} x \cdot \frac{1}{200} e^{-x/200}\, dx = 400 \cdot 200 = 80000.$$

(4) $V[X] = E[X^2] - (E[X])^2 = 80000 - 200^2 = 40000,\ \sigma[X] = \sqrt{40000} = 200.$

(5) $x < 0$ のとき $F(x) = 0$ であり，$x \geqq 0$ のとき，
$$F(x) = \int_{-\infty}^{x} f(t)\, dt = \int_0^{x} \frac{1}{200} e^{-t/200}\, dt = \left[-e^{-t/200}\right]_0^{x} = -e^{-x/200} + 1$$

となるので，$F(x) = \begin{cases} 0 & (x < 0), \\ 1 - e^{-x/200} & (x \geqq 0). \end{cases}$

✎ (2) の計算について補足しておこう．部分積分は次のように考えて式を立てるとよい．

$$\begin{array}{rcccl}
 & \int & x & \cdot\ \dfrac{1}{200} e^{-x/200} & dx \\
 & & & \downarrow\ \text{積分} & \\
= & & x & \cdot\ (-e^{-x/200}) & \\
 & \text{微分}\ \downarrow & & \vdots & \\
- & \int & 1 & \cdot\ (-e^{-x/200}) & dx
\end{array}$$

まず不定積分を求めてから，まとめて定積分を計算する手もある．
$$\int x \cdot \frac{1}{200} e^{-x/200}\, dx = x \cdot (-e^{-x/200}) - 200 e^{-x/200} + C$$
だから，
$$E[X] = \int_0^{\infty} x \cdot \frac{1}{200} e^{-x/200}\, dx = \left[x \cdot (-e^{-x/200}) - 200 e^{-x/200}\right]_0^{\infty}$$
$$= (0 - 0) - (0 - 200) = 200.$$

ここで，$x \to \infty$ のときの増加のスピードは 対数関数 ≪ ベキ関数 ≪ 指数関数 のようであり，
$$\lim_{x \to \infty} x e^{-x/200} = \lim_{x \to \infty} \frac{x}{e^{x/200}} = 0$$
が成り立つことを使った．正確には，ロピタルの定理により
$$\lim_{x \to \infty} x e^{-x/200} = \lim_{x \to \infty} \frac{x}{e^{x/200}} = \lim_{x \to \infty} \frac{(x)'}{(e^{x/200})'} = \lim_{x \to \infty} \frac{1}{(1/200) e^{x/200}} = 0.$$

$a < b$ とする．確率変数 X の確率密度関数が

$$f(x) = \begin{cases} \dfrac{1}{b-a} & (a \leqq x \leqq b), \\ 0 & (x < a, x > b) \end{cases}$$

で与えられるとき，区間 $[a,b]$ 上の一様分布に従うという．

定理 9.5 確率変数 X が区間 $[a,b]$ 上の一様分布に従うとき，
$$E[X] = \frac{b+a}{2}, \quad V[X] = \frac{(b-a)^2}{12}.$$

$\lambda > 0$ とする．確率変数 X の確率密度関数が

$$f(x) = \begin{cases} \lambda e^{-\lambda x} & (x \geqq 0), \\ 0 & (x < 0) \end{cases}$$

で与えられるとき，パラメター $\lambda > 0$ の指数分布に従うという．

定理 9.6 確率変数 X がパラメター $\lambda > 0$ の指数分布に従うとき，
$$E[X] = \frac{1}{\lambda}, \quad V[X] = \frac{1}{\lambda^2}.$$

§9.4 χ^2-分布と t-分布

■標準正規分布に従う n 個の確率変数の 2 乗の和：自由度 n の χ^2-分布■ 定理 8.3 を証明しよう．独立で標準正規分布 $N(0,1)$ に従う確率変数の 2 乗の和の分布を求める．

証明 まず，確率変数 X, Y が独立でともに標準正規分布 $N(0,1)$ に従うとき，$\chi^2 = X^2 + Y^2$ の分布を考えよう．仮定より
$$P(a < X < b, c < Y < d) = \frac{1}{2\pi} \iint_{(a,b) \times (c,d)} e^{-\frac{1}{2}(x^2+y^2)} \, dxdy.$$
したがって，$0 \leqq a < b$ とすると
$$P(a < \chi^2 < b) = \frac{1}{2\pi} \iint_{\{a < x^2+y^2 < b\}} e^{-\frac{1}{2}(x^2+y^2)} \, dxdy.$$
この積分は，$r = \sqrt{x^2+y^2}$ とおき，極座標変換 $x = r\cos\theta$, $y = r\sin\theta$ を用いて計算してもよいが，一般の場合にも適用できるように，2 重積分の定義から考える．いま
$$\Delta: \sqrt{a} = r_0 < r_1 < \cdots < r_n = \sqrt{b}$$

を，区間 $\sqrt{a} < r < \sqrt{b}$ の任意の分割として，$|\Delta| = \max_j \{r_j - r_{j-1}\}$ とおく．半径 r_j と r_{j-1} の円で囲まれる円環の面積は，$\rho_j = \frac{1}{2}(r_j + r_{j-1})$ と表すと

$$\pi r_j^2 - \pi r_{j-1}^2 = 2\pi \rho_j (r_j - r_{j-1}), \quad r_{j-1} < \rho_j < r_j.$$

よって，2重積分の定義より

$$P(a < \chi^2 < b) = \frac{1}{2\pi} \lim_{|\Delta| \to 0} \sum_{j=1}^n e^{-\frac{1}{2}\rho_j^2} 2\pi \rho_j (r_j - r_{j-1})$$

$$= \int_{\sqrt{a}}^{\sqrt{b}} e^{-\frac{1}{2}r^2} r\, dr$$

$r^2 = s$ とおくと $\dfrac{ds}{dr} = 2r$ より

$$= \frac{1}{2} \int_a^b e^{-\frac{1}{2}s} ds.$$

以上より，$\chi^2 = X^2 + Y^2$ の確率密度関数は

$$\begin{cases} \dfrac{1}{2} e^{-\frac{1}{2}x} & (x \geqq 0), \\ 0 & (x < 0). \end{cases}$$

一般の場合は，n 重積分が必要となる．証明の概略を示そう．n 重積分において，簡単のために $d\boldsymbol{x} = dx_1 dx_2 \cdots dx_n$ と表すと，$0 \leqq a < b$ のとき

$$P(a < \chi^2 < b) = \frac{1}{(2\pi)^{\frac{n}{2}}} \int_{\{a < x_1^2 + x_2^2 + \cdots + x_n^2 < b\}} e^{-\frac{1}{2}(x_1^2 + x_2^2 + \cdots + x_n^2)} d\boldsymbol{x}.$$

先の計算のように，$r = \sqrt{x_1^2 + x_2^2 + \cdots + x_n^2}$ とおき，n 重積分の定義から考える．いま

$$\Delta : \sqrt{a} = r_0 < r_1 < \cdots < r_n = \sqrt{b}$$

を，区間 $\sqrt{a} < r < \sqrt{b}$ の任意の分割とする．半径 r の $(n-1)$ 次元球面で囲まれる n 次元球体の一般体積

$$V_n(r) = \int_{\{x_1^2 + x_2^2 + \cdots + x_n^2 < r^2\}} d\boldsymbol{x}$$

は，単位球体の体積 $V_n(1)$ を用いて

$$V_n(r) = V_n(1) r^n$$

と表される．したがって，半径 r_j と r_{j-1} の $(n-1)$ 次元球面で囲まれる n 次元球殻の一般体積は

$$V_n(r_j) - V_n(r_{j-1}) = V_n(1)\left(r_j^n - r_{j-1}^n\right)$$

$$= nV_n(1)\rho_j{}^{n-1}(r_j - r_{j-1}),$$

ここで，ρ_j は平均値の定理から定まる定数で $r_{j-1} < \rho_j < r_j$ を満たす．よって，n 重積分の定義より

$$P(a < \chi^2 < b) = \frac{1}{(2\pi)^{\frac{n}{2}}} \lim_{|\Delta| \to 0} \sum_{j=1}^{n} e^{-\frac{1}{2}\rho_j{}^2} nV_n(1)\rho_j{}^{n-1}(r_j - r_{j-1})$$

$$= \frac{nV_n(1)}{(2\pi)^{\frac{n}{2}}} \int_{\sqrt{a}}^{\sqrt{b}} e^{-\frac{1}{2}r^2} r^{n-1}\, dr$$

$$= \frac{nV_n(1)}{2(2\pi)^{\frac{n}{2}}} \int_a^b e^{-\frac{1}{2}s} s^{\frac{n}{2}-1}\, ds.$$

最後に，全確率が 1 であることより，$\dfrac{n}{2(2\pi)^{n/2}} V_n(1)$ の値を計算する．

$$P(0 < \chi^2 < \infty) = \frac{nV_n(1)}{2(2\pi)^{\frac{n}{2}}} \int_0^\infty e^{-\frac{1}{2}s} s^{\frac{n}{2}-1}\, ds$$

$$= \frac{2^{\frac{n}{2}-1} nV_n(1)}{(2\pi)^{\frac{n}{2}}} \int_0^\infty e^{-t} t^{\frac{n}{2}-1}\, dt = \frac{2^{\frac{n}{2}-1} nV_n(1)}{(2\pi)^{\frac{n}{2}}} \Gamma\left(\frac{n}{2}\right) = 1.$$

以上により，$\chi^2 = Z_1{}^2 + Z_2{}^2 + \cdots + Z_n{}^2$ の確率密度関数は，$x \geqq 0$ のとき

$$\frac{1}{2^{\frac{n}{2}} \Gamma(\frac{n}{2})} e^{-\frac{1}{2}x} x^{\frac{n}{2}-1},$$

$x < 0$ のとき 0 である． ∎

■ t-分布 ■　　定理 7.6 の証明は以下の 2 つの補題による．

補題 9.1　確率変数 Z は正規分布 $N(0,1)$ に従い，χ^2 は Z と独立で，自由度 n の χ^2-分布に従うとき，確率変数

$$t = \frac{Z}{\sqrt{\dfrac{\chi^2}{n}}} \tag{9.3}$$

は自由度 n の t-分布に従う．

証明　確率変数 Z と χ^2 は独立であることより

$$P(a < Z < b, c < \chi^2 < d) = \iint_{(a,b)\times(c,d)} \frac{e^{-\frac{z^2}{2}}}{\sqrt{2\pi}} \cdot \frac{e^{-\frac{1}{2}y} y^{\frac{n}{2}-1}}{2^{\frac{n}{2}} \Gamma(\frac{n}{2})}\, dz dy.$$

ここで，変数変換

$$t = \frac{z}{\sqrt{\dfrac{y}{n}}}, \quad u = y$$

により，積分変数を (t, u) に変換する．変数変換のヤコビアンは

$$\frac{\partial(z,y)}{\partial(t,u)} = \begin{vmatrix} \frac{\partial z}{\partial t} & \frac{\partial z}{\partial u} \\ \frac{\partial y}{\partial t} & \frac{\partial y}{\partial u} \end{vmatrix} = \begin{vmatrix} \sqrt{\frac{u}{n}} & \frac{t}{2\sqrt{nu}} \\ 0 & 1 \end{vmatrix} = \sqrt{\frac{u}{n}}.$$

となるので，$(\boldsymbol{t}, \chi^2)$ の確率密度関数は

$$\frac{1}{2\sqrt{n\pi}\,\Gamma(\frac{n}{2})} \left(\frac{u}{2}\right)^{\frac{n-1}{2}} e^{-\frac{u}{2}\left(1+\frac{t^2}{n}\right)}.$$

したがって
$$P(a < \boldsymbol{t} < b) = P(a < \boldsymbol{t} < b, 0 < \chi^2 < \infty)$$
$$= \frac{1}{2\sqrt{n\pi}\,\Gamma(\frac{n}{2})} \int_a^b \left(\int_0^\infty \left(\frac{u}{2}\right)^{\frac{n-1}{2}} e^{-\frac{u}{2}\left(1+\frac{t^2}{n}\right)} du\right) dt$$
$$= \frac{1}{2\sqrt{n\pi}\,\Gamma(\frac{n}{2})} \int_a^b \left(1+\frac{t^2}{n}\right)^{-\frac{n+1}{2}} \left(\int_0^\infty \left(\frac{u}{2}\right)^{\frac{n-1}{2}} e^{-\frac{u}{2}} du\right) dt$$
$$= \frac{\Gamma(\frac{n+1}{2})}{\sqrt{n\pi}\,\Gamma(\frac{n}{2})} \int_a^b \left(1+\frac{t^2}{n}\right)^{-\frac{n+1}{2}} dt.$$

ゆえに，$\boldsymbol{t}$ の確率密度関数は (7.8) である． ∎

補題 9.2 確率変数 $Z_1, Z_2, \cdots, Z_n$ は独立で標準正規分布 $N(0,1)$ に従うならば，直交行列 $A = (a_{ij})$ を用いて

$$W_i = \sum_{j=1}^n a_{ij} Z_j \quad (i = 1, 2, \cdots, n)$$

と定義された確率変数 $W_1, W_2, \cdots, W_n$ も独立で標準正規分布 $N(0,1)$ に従う．

証明 直交行列 A を用いて変数変換 $w_i = \sum_{j=1}^n a_{ij} z_j\ (i = 1, 2, \cdots, n)$ を行うと

$$e^{-\frac{1}{2}(z_1^2 + z_2^2 + \cdots + z_n^2)} dz_1 dz_2 \cdots dz_n = e^{-\frac{1}{2}(w_1^2 + w_2^2 + \cdots + w_n^2)} dw_1 dw_2 \cdots dw_n.$$

簡単のために

$$\boldsymbol{a} < \boldsymbol{w} < \boldsymbol{b} = \{a_1 < w_1 < b_1, \cdots, a_n < w_n < b_n\}, \quad d\boldsymbol{z} = dz_1 dz_2 \cdots dz_n,$$

のような記号を用いると

$$P(a_1 < W_1 < b_1, \cdots, a_n < W_n < b_n)$$

$$
\begin{aligned}
&= \frac{1}{(2\pi)^{\frac{n}{2}}} \int_{\boldsymbol{a}<\boldsymbol{w}<\boldsymbol{b}} e^{-\frac{1}{2}(z_1{}^2+z_2{}^2+\cdots+z_n{}^2)}\, d\boldsymbol{z} \\
&= \frac{1}{(2\pi)^{\frac{n}{2}}} \int_{\boldsymbol{a}<\boldsymbol{w}<\boldsymbol{b}} e^{-\frac{1}{2}(w_1{}^2+w_2{}^2+\cdots+w_n{}^2)}\, d\boldsymbol{w} \\
&= \left(\frac{1}{\sqrt{2\pi}} \int_{a_1<w_1<b_1} e^{-\frac{w_1^2}{2}}\, dw_1 \right) \cdots \left(\frac{1}{\sqrt{2\pi}} \int_{a_n<w_n<b_n} e^{-\frac{w_n^2}{2}}\, dw_n \right).
\end{aligned}
$$

これは，確率変数 $W_1, W_2, \cdots, W_n$ も独立で標準正規分布 $N(0,1)$ に従うことを示している． ∎

最後に定理 7.6 を証明しよう．

証明 確率変数 X_j の標準化 $Z_j = \dfrac{X_j - \mu}{\sigma}$ は標準正規分布 $N(0,1)$ に従い，

$$
\begin{aligned}
\sum_{j=1}^{n} Z_j^2 &= \frac{1}{\sigma^2} \sum_{j=1}^{n} \left(X_j - \overline{X} + \overline{X} - \mu \right)^2 \\
&= \frac{1}{\sigma^2} \sum_{j=1}^{n} \left(X_j - \overline{X} \right)^2 + \frac{2\left(\overline{X} - \mu \right)}{\sigma^2} \sum_{j=1}^{n} \left(X_j - \overline{X} \right) + \frac{n}{\sigma^2} \left(\overline{X} - \mu \right)^2 \\
&= \frac{1}{\sigma^2} \sum_{j=1}^{n} \left(X_j - \overline{X} \right)^2 + \frac{n}{\sigma^2} \left(\overline{X} - \mu \right)^2. \tag{9.4}
\end{aligned}
$$

ここで $W_1 = \dfrac{\sqrt{n}}{\sigma} \left(\overline{X} - \mu \right)$ とおくと

$$
W_1 = \sum_{j=1}^{n} \left(\frac{X_j - \mu}{\sqrt{n}\sigma} \right) = \sum_{j=1}^{n} \frac{Z_j}{\sqrt{n}}. \tag{9.5}
$$

ベクトル $\boldsymbol{a}_1$ を

$$
{}^t\boldsymbol{a}_1 = \left(\frac{1}{\sqrt{n}}, \frac{1}{\sqrt{n}}, \cdots, \frac{1}{\sqrt{n}} \right)
$$

となるように定めると，(ユークリッド的な) 長さの 2 乗は $|\boldsymbol{a}_1|^2 = 1$ だから，$\boldsymbol{a}_1$ はひとつの単位ベクトルである．したがって，$(n-1)$ 個の互いに直交する単位ベクトル $\boldsymbol{a}_2, \boldsymbol{a}_3, \cdots, \boldsymbol{a}_n$ を加えて，$\mathbb{R}^n$ の正規直交系 $\boldsymbol{a}_1, \boldsymbol{a}_2, \cdots, \boldsymbol{a}_n$ にすることができ，さらに

$$
A = {}^t(\boldsymbol{a}_1, \boldsymbol{a}_2, \cdots, \boldsymbol{a}_n) = (a_{ij})
$$

とおくと，A は直交行列となる．

確率変数 $W_1, W_2, \cdots, W_n$ を

$$
W_i = \sum_{j=1}^{n} a_{ij} Z_j \quad (i = 1, 2, \cdots, n)
$$

のように定義すると，補題 9.2 より，これらの $W_1, W_2, \cdots, W_n$ は互いに独立で，正規分布 $N(0,1)$ に従う．ここで，W_1 は (9.5) で表されたものと等しい．

式 (9.4) より
$$Z_1^2 + Z_2^2 + \cdots + Z_n^2 = W_1^2 + W_2^2 + \cdots + W_n^2$$
$$= \frac{1}{\sigma^2} \sum_{j=1}^{n} \left(X_j - \overline{X}\right)^2 + W_1^2.$$

ゆえに $\dfrac{1}{\sigma^2} \displaystyle\sum_{j=1}^{n} \left(X_j - \overline{X}\right)^2 = W_2^2 + \cdots + W_n^2$ が成立する．この式と定理 8.3 より，

$\dfrac{1}{\sigma^2} \displaystyle\sum_{j=1}^{n} \left(X_j - \overline{X}\right)^2$ は自由度 $(n-1)$ の χ^2-分布に従うことがわかる．

最後に，W_1 と $W_2^2 + \cdots + W_n^2$ は独立で，補題 9.1 より
$$t = \frac{W_1}{\sqrt{\dfrac{W_2^2 + \cdots + W_n^2}{n-1}}} = \frac{\dfrac{\sqrt{n}}{\sigma}\left(\overline{X} - \mu\right)}{\sqrt{\dfrac{1}{(n-1)\sigma^2} \displaystyle\sum_{j=1}^{n} \left(X_j - \overline{X}\right)^2}} = \frac{\sqrt{n}\left(\overline{X} - \mu\right)}{U}$$

は自由度 $(n-1)$ の t-分布 (7.8) に従う．これが，証明すべきことであった． ∎

問題の解答

第 2 章

問 2.1 (1) 標本空間 (基本事象の全体) を
$$\Omega = \{(表,表), (表,裏), (裏,表), (裏,裏)\}$$
とすると，1 枚だけが表である事象は $\{(表,裏), (裏,表)\}$ となる．

(2) 標本空間 (基本事象の全体) を
$$\Omega = \{(i,j)\,;\, i,j = 1, \cdots, 6\}$$
とすると，目の和が 6 になる事象は $\{(1,5), (2,4), (3,3), (4,2), (5,1)\}$ となる．

問 2.2 問 2.1 と同じ記号を用いる．

(1) 基本事象の確率は
$$P(\{(表,表)\}) = P(\{(表,裏)\}) = P(\{(裏,表)\}) = P(\{(裏,裏)\}) = \frac{1}{4}$$
また，1 枚だけが表である確率は
$$P(\{(表,裏), (裏,表)\}) = \frac{1}{4} + \frac{1}{4} = \frac{1}{2}$$

(2) 基本事象の確率は
$$P(\{(i,j)\}) = \frac{1}{36} \quad (i,j = 1, \cdots, 6)$$
また，目の和が 6 になる確率は
$$P(\{(1,5), (2,4), (3,3), (4,2), (5,1)\}) = \frac{5}{36}$$

第 3 章

問 3.1 (1) $\displaystyle {}_n\mathrm{C}_r = \frac{n!}{r!\,(n-r)!} = \frac{n!}{(n-r)!\,\{n-(n-r)\}!} = {}_n\mathrm{C}_{n-r}.$

(2)
$$\begin{aligned}
{}_{n-1}\mathrm{C}_{r-1} + {}_{n-1}\mathrm{C}_r &= \frac{(n-1)!}{(r-1)!\,\{(n-1)-(r-1)\}!} + \frac{(n-1)!}{r!\,(n-1-r)!} \\
&= \frac{(n-1)!}{(r-1)!\,(n-r)!} + \frac{(n-1)!}{r!\,(n-1-r)!}
\end{aligned}$$

$$= \frac{n!}{r!(n-r)!}\left[\frac{r}{n} + \frac{n-r}{n}\right] = {}_nC_r.$$

問 3.2 2項定理により,
$$(1+x)^n = {}_nC_0 + {}_nC_1 x + {}_nC_2 x^2 + \cdots + {}_nC_n x^n,$$
$$(x+1)^n = {}_nC_0 x^n + {}_nC_1 x^{n-1} + {}_nC_2 x^{n-2} + \cdots + {}_nC_n$$
となる.左辺の積は $(1+x)^{2n}$ で,その x^n の係数は ${}_{2n}C_n$ である.右辺の積の x^n の係数と比較すると,
$${}_{2n}C_n = ({}_nC_0)^2 + ({}_nC_1)^2 + ({}_nC_2)^2 + \cdots + ({}_nC_n)^2$$
が得られる.組合せの意味を考えて解釈すると,$2n$ 個から n 個選ぶ選び方は,n 個ずつのふた組に分けて,第1の組から k 個選び,第2の組から $(n-k)$ 個を選ぶ選び方の数を $k = 0, 1, 2, \cdots, n$ について足し合わせれば求まる.

問 3.3 余事象を考えると,2個とも1以外の目が出る確率は $\frac{5^2}{6^2} = \frac{25}{36}$ だから,少なくともひとつ1の目が出る確率は $1 - \frac{25}{36} = \frac{11}{36}$.

問 3.4 例題 2.1 の表を参考にすると $P(A) = \frac{18}{36} = \frac{1}{2}$, $P(B) = \frac{12}{36} = \frac{1}{3}$ である.

(1) $A \cap B$ は目の和が 6 の倍数である事象だから,$P(A \cap B) = \frac{6}{36} = \frac{1}{6}$.

(2) 一般の和法則により,$P(A \cup B) = \frac{18}{36} + \frac{12}{36} - \frac{6}{36} = \frac{24}{36} = \frac{2}{3}$.

問 3.5 $P(A) = \frac{3}{6} = \frac{1}{2}$, $P(B) = \frac{4}{6} = \frac{2}{3}$, $P(C) = \frac{5}{6}$ であって,
$$P(A \cap B) = \frac{2}{6} = \frac{1}{3} = P(A)P(B),$$
$$P(A \cap C) = \frac{2}{6} = \frac{1}{3} \neq P(A)P(C)$$
だから,A と B は独立であり,A と C は独立ではない.

問 3.6
$$P(大きなさいころの目が奇数) = 0.1 + 0.15 + 0.15 = 0.4,$$
$$P(大きなさいころの目が偶数) = 1 - 0.4 = 0.6,$$
$$P(小さなさいころの目が奇数) = 0.5,$$
$$P(小さなさいころの目が偶数) = 0.5$$
より,
$$P(目の和が奇数) = P(大きなさいころの目が奇数, 小さなさいころの目が偶数)$$

$$+ P(大きなさいころの目が偶数, 小さなさいころの目が奇数)$$
$$= 0.4 \times 0.5 + 0.6 \times 0.5 = 0.2 + 0.3 = 0.5.$$

問 3.7 余事象を考える．ヒットを打つ確率が $\dfrac{1}{3}$ のとき，3 回打席に立ってヒットが 1 本も出ない確率は $\dfrac{2}{3} \times \dfrac{2}{3} \times \dfrac{2}{3} = \dfrac{8}{27}$ だから，3 回打席に立ってヒットを 1 本以上打つ確率は $1 - \dfrac{8}{27} = \dfrac{19}{27}$ となる．同様に，ヒットを打つ確率が $\dfrac{1}{4}$ のとき，4 回打席に立ってヒットを 1 本以上打つ確率は $1 - \left(\dfrac{3}{4}\right)^4 = \dfrac{175}{256}$ となる．

問 3.8 $n(A \cap B) = 3$, $n(B) = 5$ だから，$P_B(A) = \dfrac{3}{5}$.

問 3.9 $P(B) = P_A(B) = \dfrac{P(A \cap B)}{P(A)}$ より $P(A) = \dfrac{P(A \cap B)}{P(B)} = P_B(A)$.

問 3.10 A : a 君が当たりくじを引く，B : b 君が当たりくじを引くとする．明らかに，$P(A) = \dfrac{r}{n}$. 乗法定理により

$$P(A \cap B) = P(A) P_A(B) = \frac{r}{n} \times \frac{r-1}{n-1} = \frac{r(r-1)}{n(n-1)},$$

$$P(A^c \cap B) = P(A^c) P_{A^c}(B) = \frac{n-r}{n} \times \frac{r}{n-1} = \frac{(n-r)r}{n(n-1)}$$

となるから，

$$P(B) = P(A \cap B) + P(A^c \cap B) = \frac{r(r-1)}{n(n-1)} + \frac{(n-r)r}{n(n-1)} = \frac{nr-r}{n(n-1)} = \frac{r}{n}.$$

a 君, b 君の当たる確率はいずれも $\dfrac{r}{n}$ である．

問 3.11 A_1 :「病気である」という事象，A_2 :「病気でない」という事象，B :「検査で陽性反応が出る」という事象とすると，問題文より

$$P(A_1) = 0.01, \quad P(A_2) = 0.99,$$
$$P_{A_1}(B) = 0.94, \quad P_{A_2}(B) = 0.03$$

だから，

$$P(A_1 \cap B) = 0.01 \times 0.94 = 0.0094,$$
$$P(B) = 0.01 \times 0.94 + 0.99 \times 0.03 = 0.0391.$$

よって $P_B(A_1) = \dfrac{0.0094}{0.0391} \fallingdotseq 0.2404$ である．

第4章

問 4.1 例題 3.2 の表を Y の値ごとにまとめなおすと，Y の確率分布の表が得られる．

Y	2	3	4	5	6	7	8	9	10	11	12
確率	$\dfrac{1}{36}$	$\dfrac{2}{36}$	$\dfrac{3}{36}$	$\dfrac{4}{36}$	$\dfrac{5}{36}$	$\dfrac{6}{36}$	$\dfrac{5}{36}$	$\dfrac{4}{36}$	$\dfrac{3}{36}$	$\dfrac{2}{36}$	$\dfrac{1}{36}$

この表から Y の期待値を計算すると $E[Y] = \dfrac{252}{36} = 7$ となる (さいころ 1 個の目の期待値のちょうど 2 倍である)．

問 4.2 問 4.1 より $E[Y] = 7$ である．

Y	2	3	4	5	6	7	8	9	10	11	12
$(Y-E[Y])^2$	25	16	9	4	1	0	1	4	9	16	25
確率	$\dfrac{1}{36}$	$\dfrac{2}{36}$	$\dfrac{3}{36}$	$\dfrac{4}{36}$	$\dfrac{5}{36}$	$\dfrac{6}{36}$	$\dfrac{5}{36}$	$\dfrac{4}{36}$	$\dfrac{3}{36}$	$\dfrac{2}{36}$	$\dfrac{1}{36}$

この表から Y の分散，すなわち $(Y-E[Y])^2$ の期待値を計算すると

$$V[Y] = E[(Y-E[Y])^2] = \frac{210}{36} = \frac{35}{6}$$

となる (さいころ 1 個の目の分散のちょうど 2 倍になるのは独立性による)．Y の標準偏差 $\sigma[Y] = \sqrt{\dfrac{35}{6}}$ である．

問 4.3 (1)

X	-4	0	2
X^2	16	0	4
確率	0.3	0.3	0.4

$\Rightarrow E[X] = -0.4$
$\Rightarrow E[X^2] = 6.4$

$$V[X] = E[X^2] - (E[X])^2 = 6.4 - (-0.4)^2 = 6.24,$$

$$\sigma[X] = \sqrt{V[X]} \fallingdotseq 2.498$$

(2)

X	4	5	6	7
X^2	16	25	36	49
確率	$\dfrac{1}{8}$	$\dfrac{1}{4}$	$\dfrac{5}{16}$	$\dfrac{5}{16}$

$\Rightarrow E[X] = \dfrac{93}{16} \fallingdotseq 5.81$
$\Rightarrow E[X^2] = \dfrac{557}{16}$

$$V[X] = E[X^2] - (E[X])^2 = \frac{557}{16} - \left(\frac{93}{16}\right)^2 = \frac{263}{256} \fallingdotseq 1.03,$$

$$\sigma[X] = \sqrt{V[X]} = \frac{\sqrt{263}}{16} \fallingdotseq 1.01$$

問 **4.4** 1 または 6 の目が出れば○, 出なければ×と表すと

得点	6 点	4 点	2 点	0 点
場合	○○○	○○× ○×○ ×○○	○×× ×○× ××○	×××
確率	$\left(\frac{2}{6}\right)^3$	$3\left(\frac{2}{6}\right)^2\left(\frac{4}{6}\right)$	$3\left(\frac{2}{6}\right)\left(\frac{4}{6}\right)^2$	$\left(\frac{4}{6}\right)^3$

したがって, 期待値は $6\times\frac{8}{216}+4\times\frac{48}{216}+2\times\frac{96}{216}+0\times\frac{64}{216}=\frac{432}{216}=2$.
なお, さいころを 1 回投げたときの得点の期待値は $2\times\frac{2}{6}+0\times\frac{4}{6}=\frac{2}{3}$ だから, さいころを 3 回投げたときの得点の期待値は $\frac{2}{3}\times 3 = 2$ と考えてもよい.

問 **4.5**

(1) $E[Y]=-9, V[Y]=32$ (2) $E[Y]=0, V[Y]=2$ (3) $E[Y]=10, V[Y]=8$

問 **4.6** 期待値の線形性を用いると
$$f(t)=E[X^2-2tX+t^2]=E[X^2]-2tE[X]+t^2$$
$$=(t-E[X])^2+E[X^2]-(E[X])^2=(t-E[X])^2+V[X]$$
となるから, $t=E[X]$ のとき $f(t)$ は最小値 $V[X]$ をとる.

問 **4.7** (1) $E[X]=E[Y]=\frac{1}{6}, V[X]=V[Y]=\frac{5}{36}$.

(2)(3) 例題 3.2 の表を参照すると,

$X+Y$	0	1	2
確率	$\frac{25}{36}$	$\frac{10}{36}$	$\frac{1}{36}$

となるから,

$$E[X+Y]=0\times\frac{25}{36}+1\times\frac{10}{36}+2\times\frac{1}{36}=\frac{12}{36}=\frac{1}{3}=E[X]+E[Y],$$
$$E[(X+Y)^2]=0^2\times\frac{25}{36}+1^2\times\frac{10}{36}+2^2\times\frac{1}{36}=\frac{14}{36},$$
$$V[X+Y]=E[(X+Y)^2]-(E[X+Y])^2$$
$$=\frac{14}{36}-\left(\frac{1}{3}\right)^2=\frac{5}{18}=V[X]+V[Y].$$

問 **4.8**
$$V\left[\sum_{i=1}^n X_i\right]=E\left[\left\{\sum_{i=1}^n(X_i-E[X_i])\right\}^2\right]$$
$$=\sum_{i=1}^n V[X_i]+2\sum_{1\leq i<j\leq n}E[(X_i-E[X_i])(X_j-E[X_j])]$$

$$= \sum_{i=1}^{n} V[X_i] + 2 \sum_{1 \leqq i < j \leqq n} \mathrm{Cov}[X_i, X_j].$$

問 4.9

$$\mathrm{Cov}[X+Y, Z] = E\left[\{(X+Y) - E[X+Y]\}(Z - E[Z])\right]$$
$$= E\left[(X - E[X])(Z - E[Z])\right] + E\left[(Y - E[Y])(Z - E[Z])\right]$$
$$= \mathrm{Cov}[X, Z] + \mathrm{Cov}[Y, Z],$$
$$\mathrm{Cov}[tX, Y] = E\left[(tX - E[tX])(Y - E[Y])\right]$$
$$= tE\left[(X - E[X])(Y - E[Y])\right] = t\,\mathrm{Cov}[X, Y].$$

第 5 章

問 5.1 ${}_4C_0 = 1, \ {}_4C_1 = 4, \ {}_4C_2 = 6, \ {}_4C_3 = 4, \ {}_4C_4 = 1$ である.

X が $B\left(4, \dfrac{1}{2}\right)$ に従うとき,

X	0	1	2	3	4
確率	$\dfrac{1}{16}$	$\dfrac{4}{16}$	$\dfrac{6}{16}$	$\dfrac{4}{16}$	$\dfrac{1}{16}$

X が $B\left(4, \dfrac{1}{3}\right)$ に従うとき,

X	0	1	2	3	4
確率	$\dfrac{16}{81}$	$\dfrac{32}{81}$	$\dfrac{24}{81}$	$\dfrac{8}{81}$	$\dfrac{1}{81}$

問 5.2 (1) $\Omega = \{(x_1, x_2, x_3, x_4) \,;\, x_1, x_2, x_3, x_4 = 0, 1\}$

$$= \left\{\begin{array}{l}(0,0,0,0),\ (0,0,0,1),\ (0,0,1,0),\ (0,0,1,1),\\ (0,1,0,0),\ (0,1,0,1),\ (0,1,1,0),\ (0,1,1,1),\\ (1,0,0,0),\ (1,0,0,1),\ (1,0,1,0),\ (1,0,1,1),\\ (1,1,0,0),\ (1,1,0,1),\ (1,1,1,0),\ (1,1,1,1)\end{array}\right\},$$

$\{X = 0\} = \{(0,0,0,0)\},$

$\{X = 1\} = \{(0,0,0,1),\ (0,0,1,0),\ (0,0,1,0),\ (1,0,0,0)\},$

$\{X = 2\} = \left\{\begin{array}{l}(0,0,1,1),\ (0,1,0,1),\ (0,1,1,0),\\ (1,0,0,1),\ (1,0,1,0),\ (1,1,0,0)\end{array}\right\},$

$\{X = 3\} = \{(0,1,1,1),\ (1,0,1,1),\ (1,1,0,1),\ (1,1,1,0)\},$

$\{X = 4\} = \{(1,1,1,1)\}.$

(2) 問 5.1 と同じ表ができることを確かめる.

(3) 例題 5.1 と同様にして $E[X] = 2, V[X] = 1$.

問 5.3 (1) $P(X = k) = {}_5C_k \left(\dfrac{1}{3}\right)^k \left(\dfrac{2}{3}\right)^{5-k} = \dfrac{2^{5-k}{}_5C_k}{243}$ $(k = 0, 1, 2, \cdots, 5)$.

(2)

k	0	1	2	3	4	5
2^{5-k}	32	16	8	4	2	1
${}_5C_k$	1	5	10	10	5	1

より

X の値	0	1	2	3	4	5
確率	$\dfrac{32}{243}$	$\dfrac{80}{243}$	$\dfrac{80}{243}$	$\dfrac{40}{243}$	$\dfrac{10}{243}$	$\dfrac{1}{243}$

(3) $E[X] = 0 \times \dfrac{32}{243} + 1 \times \dfrac{80}{243} + 2 \times \dfrac{80}{243} + 3 \times \dfrac{40}{243} + 4 \times \dfrac{10}{243} + 5 \times \dfrac{1}{243} = \dfrac{405}{243} = \dfrac{5}{3} \left(= 5 \times \dfrac{1}{3}\right)$.

問 5.4 (1) $N(6, 36)$ (2) $N(-8, 324)$ (3) $N\left(-\dfrac{1}{2}, \dfrac{9}{4}\right)$ (4) $N(0, 1)$

問 5.5 (1) $P(0.22 \leqq Z \leqq 1.67) = I(1.67) - I(0.22) = 0.4525 - 0.0871 = 0.3654$
(2) $P(-0.8 \leqq Z \leqq 1.2) = I(1.2) - I(-0.8) = 0.3849 + 0.2881 = 0.6730$
(3) $P(0.6 \leqq Z \leqq 1.7) = I(1.7) - I(0.6) = 0.4554 - 0.2257 = 0.2297$
(4) $P(-0.52 \leqq Z \leqq 1.54) = I(1.54) - I(-0.52) = 0.4382 + 0.1985 = 0.6367$
(5) $P(1.06 \leqq Z) = I(\infty) - I(1.06) = 0.5 - 0.3554 = 0.1446$
(6) $P(Z \leqq 1.53) = I(1.53) - I(-\infty) = 0.4370 + 0.5 = 0.9370$

問 5.6 $Z = \dfrac{X - 10}{\sqrt{16}} = \dfrac{X - 10}{4}$ は標準正規分布に従う.

(1) $P(7.2 \leqq X \leqq 14.8) = P\left(\dfrac{7.2 - 10}{4} \leqq \dfrac{X - 10}{4} \leqq \dfrac{14.8 - 10}{4}\right)$
$= P(-0.7 \leqq Z \leqq 1.2)$
$= I(1.2) - I(-0.7) = 0.3849 + 0.2580 = 0.6429$

(2) $P(10.6 \leqq X \leqq 15.8) = P\left(\dfrac{10.6 - 10}{4} \leqq \dfrac{X - 10}{4} \leqq \dfrac{15.8 - 10}{4}\right)$
$= P(0.15 \leqq Z \leqq 1.45)$
$= I(1.45) - I(0.15) = 0.4265 - 0.0596 = 0.3669$

問 5.7 例題 5.4 の解と同じ記号を用いると
$P(X > 90) = P(X \geqq 91) = P(Z \geqq 2.25) = P(2.25 \leqq Z < \infty)$

$$= I(\infty) - I(2.25) = 0.5 - 0.4878 = 0.0122$$

となる．$12000 \times 0.0122 = 146.4$ より，90 点を超えた受験者はおよそ 146 人いると考えられる．

問 5.8 $\mu = 150 \times 0.3 = 45, \sigma^2 = 150 \times 0.3 \times (1 - 0.3) = 31.5$

問 5.9 (1) X の分布は 2 項分布 $B(100, 0.5)$ である．

(2) 期待値 $E[X] = 50$，分散 $V[X] = 25$ である．

(3) 「試行回数 100 回」は十分多いから，X の分布は近似的に正規分布 $N(50, 25)$ に従う．

(4) 標準化により，$Z = \dfrac{X - 50}{5}$ は近似的に標準正規分布 $N(0, 1)$ に従う．

(5) 確率 $P(46 \leqq X \leqq 54)$ の値を計算するとき，半整数補正を行って計算する方が誤差が小さい．すると，$P(46 \leqq X \leqq 54)$ の値の近似値は

$$P(45.5 \leqq X \leqq 54.5)$$

標準化により

$$= P\left(\frac{45.5 - 50}{5} \leqq \frac{X - 50}{5} \leqq \frac{54.5 - 50}{5}\right)$$
$$= P(-0.9 \leqq Z \leqq 0.9)$$

正規分布表より

$$= I(0.9) - I(-0.9) = 2I(0.9) = 0.6318.$$

問 5.10 半整数補正を行うことにすると，

$$\frac{109.5 - 120}{10} = -1.05, \quad \frac{130.5 - 120}{10} = 1.05$$

より，$P(110 \leqq X \leqq 130)$ の近似値は

$$P(109.5 \leqq X \leqq 130.5) = P(-1.05 \leqq Z \leqq 1.05)$$
$$= I(1.05) - I(-1.05) = 2I(1.05) = 2 \times 0.3531 = 0.7062$$

となる．よって，約 71% である．

第 6 章

問 6.1

データ x	83.2	62.6	55.0	65.4	59.8
偏差	18	-2.6	-10.2	0.2	-5.4
(偏差)^2	324	6.76	104.04	0.04	29.16

$\Rightarrow$ 平均 65.2

$$s^2(x) = \frac{324 + 6.76 + 104.04 + 0.04 + 29.16}{5} = \frac{464}{5} = 92.8,$$
$$u^2(x) = \frac{5}{5-1}s^2(x) = \frac{464}{4} = 116.$$

問 6.2 例題 6.1 と同様に考えると，$0 \leqq x \leqq \dfrac{a}{2}$, $0 \leqq \theta \leqq \pi$ の範囲のうち，$0 \leqq \theta \leqq \pi$, $0 \leqq x \leqq \dfrac{\ell}{2}\sin\theta$ が直線と交わる場合に相当するから，求める確率は
$$\frac{\int_0^\pi \dfrac{\ell}{2}\sin\theta\, d\theta}{\dfrac{a}{2}\times\pi} = \frac{\ell}{\dfrac{\pi a}{2}} = \frac{2\ell}{\pi a}.$$

第 7 章

問 7.1 視聴率を 0.1 とすると，標準偏差は $\sigma = \sqrt{0.1\times 0.9} = 0.3$. 区間の幅は $2\times\dfrac{1.96\sigma}{\sqrt{n}}$ なので $2\times\dfrac{1.96\times 0.3}{\sqrt{n}} \leqq 0.02$, すなわち $\sqrt{n} \geqq 58.8$. したがって，約 3,500 人以上である．

問 7.2 大標本と考えると，定理 7.5 の (7.6) 式より，信頼度 95% の信頼区間は
$$1082.4 - \frac{1.96\times 68.2}{\sqrt{100}} \leqq \mu \leqq 1082.4 + \frac{1.96\times 68.2}{\sqrt{100}}.$$
ゆえに，$1069.0 \leqq \mu \leqq 1095.8$.

問 7.3 (1) 標本平均：65，不偏分散：2.7，不偏標本標準偏差：1.6
(2) 自由度 9 の t-分布表を用いると，
$$63.9 = 65 - 2.262\times\frac{1.6}{\sqrt{10}} \leqq \mu \leqq 65 + 2.262\times\frac{1.6}{\sqrt{10}} = 66.1.$$
グラム単位の計測であるから，64 から 66 グラムと推定される．

問 7.4 自由度 35 の t-分布を用いると，
$$44.3 = 48.0 - 2.030\times\frac{10.9}{\sqrt{36}} \leqq \mu \leqq 48.0 + 2.030\times\frac{10.9}{\sqrt{36}} = 51.7.$$
正規分布を用いると，
$$44.4 = 48.0 - 1.96\times\frac{10.9}{\sqrt{36}} \leqq \mu \leqq 48.0 + 1.96\times\frac{10.9}{\sqrt{36}} = 51.6.$$
大きくは違わないといえるだろう．

第 8 章

問 8.1 標本から得られる t-値 $1.75 < 1.761$ より，帰無仮説は棄却されない．

第 9 章

問 9.1 (1) $P(N(5) = 3) = e^{-10}\dfrac{10^3}{3!} = \dfrac{500}{3}e^{-10}$.

(2) 開店してから 3 分後の時点でお客の数が 0 となる確率だから，$P(N(3) = 0) = e^{-6}\dfrac{6^0}{0!} = e^{-6}$.

問 9.2
$$E[X_n] = \sum_{k=1}^{n+1} kP(X_n = k)$$
$$= \dfrac{1}{n+1}\sum_{k=1}^{n+1} k = \dfrac{1}{n+1}\cdot\dfrac{(n+1)(n+2)}{2} = \dfrac{n+2}{2}.$$

問 9.3 (1) どの i についても $P(X_i = 1) = \dfrac{(n-1)!}{n!} = \dfrac{1}{n}$ である．

(2) $E[X_i] = \dfrac{1}{n}$, $E[(X_i)^2] = \dfrac{1}{n}$, $V[X_i] = \dfrac{1}{n} - \left(\dfrac{1}{n}\right)^2 = \dfrac{1}{n}\left(1 - \dfrac{1}{n}\right)$

(3) どの $i \neq j$ についても $P(X_i = X_j = 1) = \dfrac{(n-2)!}{n!} = \dfrac{1}{n(n-1)}$ である．

(4) (1) と (3) から，$i \neq j$ のとき $P(\{X_i = 1\} \cap \{X_j = 1\}) > P(X_i = 1)P(X_j = 1)$ であり，事象 $\{X_i = 1\}$ と事象 $\{X_j = 1\}$ は独立ではない．

(5) $E[S_n] = E[X_1] + E[X_2] + \cdots + E[X_n] = n\cdot\dfrac{1}{n} = 1$ である．分散については，
$$E[(S_n)^2] = E\left[\sum_{i,j=1}^{n} X_iX_j\right]$$
$$= \sum_{i=1}^{n} E\left[(X_i)^2\right] + 2\sum_{1 \leqq i < j \leqq n} E[X_iX_j]$$
$$= n\cdot\dfrac{1}{n} + 2\cdot {}_nC_2\cdot\dfrac{1}{n(n-1)} = 1 + 1 = 2$$

より，$V[S_n] = E[(S_n)^2] - E[S_n]^2 = 2 - 1^2 = 1$ となる．なお，この値は
$$V[X_1] + V[X_2] + \cdots + V[X_n] = n\cdot\dfrac{1}{n}\left(1 - \dfrac{1}{n}\right) = 1 - \dfrac{1}{n}$$
よりも大きい．$X_1, X_2, \cdots, X_n$ が独立ではないことによる．

正規分布表

$$I(z) = \frac{1}{\sqrt{2\pi}} \int_0^z e^{-x^2/2}\, dx$$

z	0	0.01	0.02	0.03	0.04	0.05	0.06	0.07	0.08	0.09
0.0	0.0000	0.0040	0.0080	0.0120	0.0160	0.0199	0.0239	0.0279	0.0319	0.0359
0.1	0.0398	0.0438	0.0478	0.0517	0.0557	0.0596	0.0636	0.0675	0.0714	0.0753
0.2	0.0793	0.0832	0.0871	0.0910	0.0948	0.0987	0.1026	0.1064	0.1103	0.1141
0.3	0.1179	0.1217	0.1255	0.1293	0.1331	0.1368	0.1406	0.1443	0.1480	0.1517
0.4	0.1554	0.1591	0.1628	0.1664	0.1700	0.1736	0.1772	0.1808	0.1844	0.1879
0.5	0.1915	0.1950	0.1985	0.2019	0.2054	0.2088	0.2123	0.2157	0.2190	0.2224
0.6	0.2257	0.2291	0.2324	0.2357	0.2389	0.2422	0.2454	0.2486	0.2517	0.2549
0.7	0.2580	0.2611	0.2642	0.2673	0.2704	0.2734	0.2764	0.2794	0.2823	0.2852
0.8	0.2881	0.2910	0.2939	0.2967	0.2995	0.3023	0.3051	0.3078	0.3106	0.3133
0.9	0.3159	0.3186	0.3212	0.3238	0.3264	0.3289	0.3315	0.3340	0.3365	0.3389
1.0	0.3413	0.3438	0.3461	0.3485	0.3508	0.3531	0.3554	0.3577	0.3599	0.3621
1.1	0.3643	0.3665	0.3686	0.3708	0.3729	0.3749	0.3770	0.3790	0.3810	0.3830
1.2	0.3849	0.3869	0.3888	0.3907	0.3925	0.3944	0.3962	0.3980	0.3997	0.4015
1.3	0.4032	0.4049	0.4066	0.4082	0.4099	0.4115	0.4131	0.4147	0.4162	0.4177
1.4	0.4192	0.4207	0.4222	0.4236	0.4251	0.4265	0.4279	0.4292	0.4306	0.4319
1.5	0.4332	0.4345	0.4357	0.4370	0.4382	0.4394	0.4406	0.4418	0.4429	0.4441
1.6	0.4452	0.4463	0.4474	0.4484	0.4495	0.4505	0.4515	0.4525	0.4535	0.4545
1.7	0.4554	0.4564	0.4573	0.4582	0.4591	0.4599	0.4608	0.4616	0.4625	0.4633
1.8	0.4641	0.4649	0.4656	0.4664	0.4671	0.4678	0.4686	0.4693	0.4699	0.4706
1.9	0.4713	0.4719	0.4726	0.4732	0.4738	0.4744	0.4750	0.4756	0.4761	0.4767
2.0	0.4772	0.4778	0.4783	0.4788	0.4793	0.4798	0.4803	0.4808	0.4812	0.4817
2.1	0.4821	0.4826	0.4830	0.4834	0.4838	0.4842	0.4846	0.4850	0.4854	0.4857
2.2	0.4861	0.4864	0.4868	0.4871	0.4875	0.4878	0.4881	0.4884	0.4887	0.4890
2.3	0.4893	0.4896	0.4898	0.4901	0.4904	0.4906	0.4909	0.4911	0.4913	0.4916
2.4	0.4918	0.4920	0.4922	0.4925	0.4927	0.4929	0.4931	0.4932	0.4934	0.4936
2.5	0.4938	0.4940	0.4941	0.4943	0.4945	0.4946	0.4948	0.4949	0.4951	0.4952
2.6	0.4953	0.4955	0.4956	0.4957	0.4959	0.4960	0.4961	0.4962	0.4963	0.4964
2.7	0.4965	0.4966	0.4967	0.4968	0.4969	0.4970	0.4971	0.4972	0.4973	0.4974
2.8	0.4974	0.4975	0.4976	0.4977	0.4977	0.4978	0.4979	0.4979	0.4980	0.4981
2.9	0.4981	0.4982	0.4982	0.4983	0.4984	0.4984	0.4985	0.4985	0.4986	0.4986
3.0	0.4987	0.4987	0.4987	0.4988	0.4988	0.4989	0.4989	0.4989	0.4990	0.4990
3.1	0.4990	0.4991	0.4991	0.4991	0.4992	0.4992	0.4992	0.4992	0.4993	0.4993
3.2	0.4993	0.4993	0.4994	0.4994	0.4994	0.4994	0.4994	0.4995	0.4995	0.4995
3.3	0.4995	0.4995	0.4995	0.4996	0.4996	0.4996	0.4996	0.4996	0.4996	0.4997
3.4	0.4997	0.4997	0.4997	0.4997	0.4997	0.4997	0.4997	0.4997	0.4997	0.4998
3.5	0.4998	0.4998	0.4998	0.4998	0.4998	0.4998	0.4998	0.4998	0.4998	0.4998

χ^2-分布表

$P(\chi^2 > c) = 0.05$

n	c
1	3.841
2	5.991
3	7.815
4	9.488
5	11.070
6	12.592
7	14.067
8	15.507
9	16.919
10	18.307
11	19.675
12	21.026
13	22.362
14	23.685
15	24.996
16	26.296
17	27.587
18	28.869
19	30.144
20	31.410
21	32.671
22	33.924
23	35.172
24	36.415
25	37.652
26	38.885
27	40.113
28	41.337
29	42.557
30	43.773

t-分布表

$P(t > c) = 0.05$

n	c
1	6.314
2	2.920
3	2.353
4	2.132
5	2.015
6	1.943
7	1.895
8	1.860
9	1.833
10	1.812
11	1.796
12	1.782
13	1.771
14	1.761
15	1.753
16	1.746
17	1.740
18	1.734
19	1.729
20	1.725
21	1.721
22	1.717
23	1.714
24	1.711
25	1.708
26	1.706
27	1.703
28	1.701
29	1.699
30	1.697
31	1.696
32	1.694
33	1.692
34	1.691
35	1.690
∞	1.645

$P(-c < t < c) = 0.95$

n	c
1	12.706
2	4.303
3	3.182
4	2.776
5	2.571
6	2.447
7	2.365
8	2.306
9	2.262
10	2.228
11	2.201
12	2.179
13	2.160
14	2.145
15	2.131
16	2.120
17	2.110
18	2.101
19	2.093
20	2.086
21	2.080
22	2.074
23	2.069
24	2.064
25	2.060
26	2.056
27	2.052
28	2.048
29	2.045
30	2.042
31	2.040
32	2.037
33	2.035
34	2.032
35	2.030
∞	1.960

ポアソン分布表

$$P(X=k) = e^{-\lambda}\frac{\lambda^k}{k!}$$

$k \backslash \lambda$	0.1	0.2	0.3	0.4	0.5	0.6	0.7	0.8	0.9	1.0
0	0.9048	0.8187	0.7408	0.6703	0.6065	0.5488	0.4966	0.4493	0.4066	0.3679
1	0.0905	0.1637	0.2222	0.2681	0.3033	0.3293	0.3476	0.3595	0.3659	0.3679
2	0.0045	0.0164	0.0333	0.0536	0.0758	0.0988	0.1217	0.1438	0.1647	0.1839
3	0.0002	0.0011	0.0033	0.0072	0.0126	0.0198	0.0284	0.0383	0.0494	0.0613
4		0.0001	0.0003	0.0007	0.0016	0.0030	0.0050	0.0077	0.0111	0.0153
5				0.0001	0.0002	0.0004	0.0007	0.0012	0.0020	0.0031
6							0.0001	0.0002	0.0003	0.0005
7										0.0001

$k \backslash \lambda$	1.1	1.2	1.3	1.4	1.5	1.6	1.7	1.8	1.9	2.0
0	0.3329	0.3012	0.2725	0.2466	0.2231	0.2019	0.1827	0.1653	0.1496	0.1353
1	0.3662	0.3614	0.3543	0.3452	0.3347	0.3230	0.3106	0.2975	0.2842	0.2707
2	0.2014	0.2169	0.2303	0.2417	0.2510	0.2584	0.2640	0.2678	0.2700	0.2707
3	0.0738	0.0867	0.0998	0.1128	0.1255	0.1378	0.1496	0.1607	0.1710	0.1804
4	0.0203	0.0260	0.0324	0.0395	0.0471	0.0551	0.0636	0.0723	0.0812	0.0902
5	0.0045	0.0062	0.0084	0.0111	0.0141	0.0176	0.0216	0.0260	0.0309	0.0361
6	0.0008	0.0012	0.0018	0.0026	0.0035	0.0047	0.0061	0.0078	0.0098	0.0120
7	0.0001	0.0002	0.0003	0.0005	0.0008	0.0011	0.0015	0.0020	0.0027	0.0034
8				0.0001	0.0001	0.0002	0.0003	0.0005	0.0006	0.0009
9							0.0001	0.0001	0.0001	0.0002

$k \backslash \lambda$	2.1	2.2	2.3	2.4	2.5	2.6	2.7	2.8	2.9	3.0
0	0.1225	0.1108	0.1003	0.0907	0.0821	0.0743	0.0672	0.0608	0.0550	0.0498
1	0.2572	0.2438	0.2306	0.2177	0.2052	0.1931	0.1815	0.1703	0.1596	0.1494
2	0.2700	0.2681	0.2652	0.2613	0.2565	0.2510	0.2450	0.2384	0.2314	0.2240
3	0.1890	0.1966	0.2033	0.2090	0.2138	0.2176	0.2205	0.2225	0.2237	0.2240
4	0.0992	0.1082	0.1169	0.1254	0.1336	0.1414	0.1488	0.1557	0.1622	0.1680
5	0.0417	0.0476	0.0538	0.0602	0.0668	0.0735	0.0804	0.0872	0.0940	0.1008
6	0.0146	0.0174	0.0206	0.0241	0.0278	0.0319	0.0362	0.0407	0.0455	0.0504
7	0.0044	0.0055	0.0068	0.0083	0.0099	0.0118	0.0139	0.0163	0.0188	0.0216
8	0.0011	0.0015	0.0019	0.0025	0.0031	0.0038	0.0047	0.0057	0.0068	0.0081
9	0.0003	0.0004	0.0005	0.0007	0.0009	0.0011	0.0014	0.0018	0.0022	0.0027
10	0.0001	0.0001	0.0001	0.0002	0.0002	0.0003	0.0004	0.0005	0.0006	0.0008
11						0.0001	0.0001	0.0001	0.0002	0.0002
12										0.0001

索　引

■ 英　数

F-分布, 117
t-分布, 101

■ あ　行

一様分布, 46, 130
一致推定量, 95, 98

■ か　行

外延の公理, 13
回帰直線, 7
χ^2-分布, 115
階乗, 21
ガウス分布, 72
確率, 11
基本法則, 29
確率の乗法定理, 39
確率分布, 46, 47
確率変数, 46, 47, 70, 71
確率母関数, 124
確率密度関数, 70
確率モデル, 15
片側検定, 106
ガンマ関数, 102
幾何分布, 119
棄却域, 106
危険率, 105
期待値, 46
　　——の線形性, 52

基本事象, 12
帰無仮説, 106
共分散, 5, 57
　　——の双線形性, 59
空事象, 13
空集合, 13
区間推定, 94
組合せ, 21
決定係数, 8
元, 13
検出力, 113
検定統計量, 108
コーシー・シュワルツの
　　不等式, 59
根元事象, 12

■ さ　行

最小2乗法, 7
再生性, 99
残差, 8
散布図, 4
試行, 35
事象, 12
指数分布, 123
実現値, 83
集合, 13
　　——の共通部分, 27
　　——の差, 31
　　——が等しい, 13
　　——の和, 27

自由度, 115
周辺分布, 54
樹形図, 17
順列, 20
条件付き確率, 37
小標本論, 101
信頼区間, 94, 101
信頼係数, 94
信頼度, 94
スチューデント統計量,
　　101
正規分布, 72
　　——の密度関数, 72
正規母集団, 99
積事象, 27
積法則
　　場合の数の——, 19
全確率の公式, 41
全事象, 13
全体集合, 31
相関係数, 5, 61
相関図, 4

■ た　行

大数の法則, 88
大標本論, 96, 100
対立仮説, 106
チェビシェフの不等式,
　　87
抽出, 81

索 引　153

中心極限定理, 89
　　ド・モアブル–ラプラスの—, 69
超幾何分布, 129
重複組合せ, 25
重複順列, 23
直積, 34
適合度の検定, 114
点推定, 92
統計的仮説検定, 104
同時分布, 54
同様に確からしい, 14
独立
　　確率変数が—, 55
　　試行が—, 36, 37
　　事象が—, 33
独立試行, 63
ド・モルガンの法則, 31

■ な 行

2項定理, 26
2項分布, 63
任意標本, 81

■ は 行

排反, 28
パスカルの三角形, 22
半整数補正, 79
反復試行, 63
非復元抽出, 81
標準化
　　確率変数の—, 67
　　データの—, 4

標準正規分布
　　—の密度関数, 69
標準偏差, 2, 50
標本, 81
標本空間, 12
標本統計量, 83
標本の大きさ, 81
標本標準偏差, 85
標本比率, 94
標本分散, 85
標本平均, 83
ファースト・サクセス分布, 119
復元抽出, 81
部分集合, 14
　　真の—, 14
不偏推定量, 95, 98
不偏標本標準偏差, 86
不偏標本分散, 86
　　—の不偏性, 86
分散, 2, 50
分布関数, 129
平均, 2, 46
ベイズの公式, 42
ベルヌイ試行, 62
ベルヌイ試行列, 63
ベルヌイ分布, 62
偏差, 2
ポアソン過程, 123
ポアソンの少数の法則, 121
ポアソン分布, 121
ポーリアの壺, 125
補集合, 31

母集団, 81
母集団特性値, 82
母集団分布, 82
母標準偏差, 82
母比率, 94
母分散, 82
母平均, 81

■ ま 行

右側検定, 106
無作為抽出, 81
無相関, 58
モデル, 12
モンテカルロ法, 90

■ や 行

有意水準, 105
有限集合, 28
要素, 13
余事象, 30

■ ら 行

離散確率変数, 46, 71
両側検定, 106
連続確率変数, 70

■ わ 行

和事象, 27
和法則
　　一般の—, 31
　　集合の—, 28
　　場合の数の—, 18

浅倉史興　大阪電気通信大学名誉教授
竹居正登　横浜国立大学理工学部

新基礎コース　確率・統計

2014年10月30日	第1版 第1刷 発行
2025年 9月20日	第1版 第5刷 発行

著　者　　浅倉史興
　　　　　竹居正登
発行者　　発田和子
発行所　　株式会社　学術図書出版社

〒113-0033　東京都文京区本郷5丁目4の6
TEL 03-3811-0889　振替 00110-4-28454
　　　　　　　　　印刷　三美印刷(株)

定価はカバーに表示してあります。

本書の一部または全部を無断で複写(コピー)・複製・転載することは、著作権法でみとめられた場合を除き、著作者および出版社の権利の侵害となります。あらかじめ、小社に許諾を求めて下さい。

© 2014　F. ASAKURA　M. TAKEI
Printed in Japan
ISBN978-4-7806-0405-4　C3041